猕猴桃栽培与利用

（第二版）

张　洁　编著

金盾出版社

内容提要

本书由中国科学院植物研究所的张洁研究员编著与修订。根据当前猕猴桃产业的发展，笔者在第一版的基础上对全书内容进行了全面修订。内容包括：猕猴桃的价值，猕猴桃的植物学特征，猕猴桃的生物学特性，猕猴桃的生态环境，猕猴桃的驯化和商品生产，猕猴桃品种选育，猕猴桃苗木繁育，猕猴桃园建立，猕猴桃园管理，猕猴桃的病虫害防治及自然灾害预防，猕猴桃商品经营，猕猴桃加工和利用等。本书较系统地介绍了国内外猕猴桃生产的先进技术和成功经验，内容丰富，技术实用。本书适合种植户、一线科技人员，以及农林院校等相关专业师生阅读参考。

图书在版编目(CIP)数据

猕猴桃栽培与利用/张洁编著．—2版．—北京：金盾出版社，2015.4(2016.10重印)

ISBN 978-7-5082-9891-7

Ⅰ.①猕…　Ⅱ.①张…　Ⅲ.①猕猴桃—果树园艺　Ⅳ.①S663.4

中国版本图书馆CIP数据核字(2014)第299523号

金盾出版社出版、总发行

北京太平路5号(地铁万寿路站往南)

邮政编码：100036　电话：68214039　83219215

传真：68276683　网址：www.jdcbs.cn

封面印刷：北京精美彩色印刷有限公司

正文印刷：北京万博诚印刷有限公司

装订：北京万博诚印刷有限公司

各地新华书店经销

开本：850×1168 1/32　印张：6.125　字数：154千字

2016年10月第2版第11次印刷

印数：83 001～87 000册　定价：15.00元

前　言

猕猴桃鲜果风味独特，营养丰富，且具有保健功能，深受广大消费者欢迎。发展猕猴桃产业可使农民致富，企业赢利，国家受益。30多年来，猕猴桃产业的迅速发展是广大生产者、经销者和科技人员合作奋斗的成果，也是农业部、国家科委攻关局和各级相关政府领导以及资金支持的结果。在现有的良好基础上，我们应进一步加强猕猴桃遗传资源和育种的研究，重视并不断改善树体和土壤管理技术，使猕猴桃产量和鲜果品质尽快达到先进水平。2004年以来，中国园艺学会猕猴桃分会曾多次召开全国或国际会议，出版了《猕猴桃研究进展》系列论文集，有力地促进了猕猴桃产业发展和科学研究水平的提高。

近几年，笔者在超市发现，进口猕猴桃的价格较我国优良猕猴桃品种鲜果的价格高出3～8倍，分析可能是猕猴桃生产、营销、贮藏等过程中某些环节科学性和规范化缺失的原因。当前，猕猴桃各相关行业的科研人员正在努力创新，以求缩小这种差距。相信在不久的将来，我国的猕猴桃资源优势一定会转变为经济优势，以满足不断提高的消费者需要。

应市场需求，出版社建议笔者对《猕猴桃栽培与利用》一书进行修订，为此，笔者学习并参考了国内外的相关文献，修改并补充了部分基础知识、生产经验和科研成果，以供猕猴桃的生产者、经营者和科学工作者参考。感谢许梅娟女士和同行们提供的照片和墨线图。由于水平和时间有限，书中难免会有错误和疏漏处，欢迎读者们批评指正。

编著者

目　　录

第一章 猕猴桃的价值

猕猴桃属(*Actinidia Lindl.*)植物中某些类群的果实中营养丰富，其根、茎、叶和果实都有利用价值，故对猕猴桃有“水果之王”或“绿色金矿”的美誉。

第一节 营养成分和化学成分

植物营养成分含量的多少常与农业技术(如施肥等)和环境因素相关，也受果实的采收熟度、分析仪器和方法的影响，现根据Bussous等国内外学者对海沃德、秦美、金霞和早鲜等品种的分析进行归纳(表1-1)。

表 1-1 猕猴桃果实营养成分

成分名称	含 量	成分名称	含 量
可食部分(%)	90～95	维生素A(国际单位/100克)	175
能量(千卡/100克)	49～66	维生素C(毫克/100克)	90～284
水分(%)	80～88	维生素 B_1(毫克/100克)	0.014～0.02
蛋白质(%)	0.11～1.2	维生素 B_2(毫克/100克)	0.01～0.05
类脂化合物(%)	0.07～0.9	维生素 B_6(毫克/100克)	0.15
		维生素E	未定量
灰分(%)	0.45～0.74	烟酸(毫克/100克)	0～0.5
纤维(%)	1.1～3.3	钙(毫克/100克)	16～51

续表 1-1

成分名称	含　量	成分名称	含　量
碳水化合物(%)	17.5	镁(毫克/100 克)	10～32
可溶性固形物(%,根据折光仪)	12～18	氮(毫克/100 克)	93～163
		磷(毫克/100 克)	22～67
可滴定酸(%,柠檬酸)	1.0～1.6	钾(毫克/100 克)	185～576
		铁(毫克/100 克)	0.2～1.2
		钠(毫克/100 克)	2.8～4.7
总糖(%)	0.3～9.1	氯化物(毫克/100 克)	39～65
果胶(%)	0.8	锰(毫克/100 克)	0.07～2.3
单宁(%)	0.04	锌(毫克/100 克)	0.08～0.32
pH 值	3.5～3.6	铜(毫克/100 克)	0.06～0.16
种子含油(%)	35.6	硫(毫克/100 克)	16
种子含蛋白质(%)	15～16	硼(毫克/100 克)	0.2

猕猴桃果实的化学成分如下：

猕猴桃碱(actinidine)

玉蜀嘌呤(zeatin)

玉米素核苷(δ-ribosylzeatin)

大黄素(emodin)

大黄素甲醚(physcion)

大黄素-θ-甲醚(quercetin)

ω-羟基大黄素(ω-hydroxyemodin)

大黄素酸(emodic acid)

大黄素 δ-β-D-葡萄糖苷(emodin-δ-β-D-glucoside)

β-谷甾醇(β-sitosterol)

中华猕猴桃蛋白酶(actinidin)

此外,还有游离氨基酸、糖、有机酸、维生素 C、维生素 B、色素、鞣质及挥发性的烯醇类等成分。

据报道,果实中还含有 17 种氨基酸,其总量约为 77.98 毫克/千克。其中,有赖氨酸等 8 种在人体内不能自然合成,必须从食物或营养补品中获得的氨基酸。猕猴桃的精氨酸含量很高,约为 13.9 毫克/千克。精氨酸有增加肌肉组织,减少脂肪,增强免疫力和伤口愈合的功效。赖氨酸能抵抗感冒病毒和疱疹病毒,也是骨骼发育的必需物质。此外,果实中还含有叶绿素 a、叶绿素 b、β-胡萝卜素等色素,以及挥发性香气、猕猴桃蛋白酶、猕猴桃碱等物质。据北京大学医学部专家研究报道,中华猕猴桃果汁中的维生素 C 能阻断致癌物质 N-亚硝基吗啉的合成,阻断率达 96.4%。据宣武医院专家试验,以猕猴桃果汁为主配制的“健脑饮”饮料具有降低血脂、血压,预防脑动脉硬化的功效。猕猴桃所含的不少营养成分,被人体消化吸收产生一定的生理功能物质,被统称为营养素。古籍《本草纲目》等记载,猕猴桃能治骨节风、瘫痪不遂、痔病,止暴渴、解烦热等。

第二节 经济效益

不符合猕猴桃出口标准的果实可以加工成酒类、果汁、果脯、果酱、果冻等食品,且提取的黏胶、纤维制品的附加值都比较高。鲜果和上述加工产品出口,可增加国家的外汇收入。每 667 米^2 的土地种植猕猴桃的产值远高于一般农作物的产值,种植猕猴桃能显著提高农民的收益。所以,猕猴桃产业的发展对于农民、企业和国家都会有很好的助益。

第三节 科学意义

猕猴桃属植物中的绝大多数种类为我国特有，其中个别种类分布区极窄，并处于濒危状态。对于该属与水东哥属等4属的系统位置，学者们有较大的争议，直至1899年才建立猕猴桃科，但归属的证据仍有矛盾。所以，研究猕猴桃和猕猴桃属植物，对猕猴桃的系统发育、植物区系、古地理和生物多样性保护等都有重要意义。

第二章 猕猴桃的植物学特征

第一节 猕猴桃属植物

"猕猴桃属"是Jhon Lindly于1836年根据植物的花具有放射状花柱,用拉丁文*Actinidia*命名。该属植物雌雄异株,有性繁殖,并因适应多变的生存环境,产生了许多遗传变异的类群。有些类群分化强烈,导致属下分类系统复杂,曾被学者们数次修订。据梁畴芬修订,猕猴桃属下分净果组、斑果组、糙毛组和星毛组。净果组下又分片髓系和实心系;星毛组下又分完全星毛系和不完全星毛系。全属有54个种,35个变种和6个类型。

猕猴桃属为多年生落叶木质藤本植物,也有蔓生和灌木状类群。该属多数类群具有果用、观赏、绿化、医疗保健等功能,为方便利用,现做一粗略归类。

一、多功能类群

(一)中华猕猴桃

1. 形态特征 大型落叶藤本。株高8米左右,冬芽裸露,被茸毛鳞片,当年生枝灰绿色,稀被白粉状,易脱落;二年生枝深褐色,长4~15厘米,皮孔近圆形、黄褐色。叶片厚纸质或革质,近圆形、倒卵形或扇形;长6~19厘米、宽7~15厘米;顶端多数截平或凹陷、突尖、短渐尖;基部截平至浅心状,边缘有脉出的睫状小齿;

叶面深绿色，背面稍浅，被白色茸毛。聚伞花序，雌株常单花，花白色，花冠径 3 厘米左右，雄株花较小。果实椭圆形、圆柱形、倒卵状或近圆形，纵径 3～4 厘米，横径 2～3 厘米，单果重 50 克左右，果皮绿褐色，被茸毛，成熟果实常秃净或稀留残毛，味甜酸，汁液多，每 100 克鲜果肉中维生素 C 含量为 60～420 毫克，可溶性固形物 7%～21%，可滴定酸 0.9%～2.2%。鲜食和加工均可。花大、有芳香，可作观赏和垂直绿化植物。

2. 分布 主要分布在长江流域及黄河以南地区，西南及华南一带也有少量分布，生长在海拔 200～2 000 米的山林中。

(二)红肉猕猴桃

中华猕猴桃变种，果肉淡红色。分布在江西、浙江、湖北、河南的局部山地。

(三)美味猕猴桃

1. 形态特征 大型落叶藤本。株高 10 米以上，冬芽被长茸毛，鳞片包埋，半露或仅见小孔，当年生枝黄绿色，被褐色糙毛；二年生枝红褐色，秃净或有少量残毛，皮孔稀、黄白色。叶厚纸质或革质，倒阔卵形或椭圆形；长 9～12 厘米，宽 8～10 厘米；顶端常突尖，基部浅心状或近截平，边缘近全缘；叶面深绿色，背面浅绿色，被白色星状毛。雌株多单生，雄株聚伞花序，花常 3 朵，乳白色，花冠径 3.5～5.5 厘米。果实椭圆形、倒卵形、近球形或圆柱形，纵径 9～11 厘米，横径 8～12 厘米，单果重 60 克左右，果皮褐色，被硬糙毛，果肉翠绿色，味甜酸，汁液多，每 100 克鲜果肉中维生素 C 含量为 50～150 毫克，可溶性固形物含量为 11.4%～16.8%，总酸含量为 1.1%～1.6%。

2. 分布 分布区与中华猕猴桃交叉重叠，美味猕猴桃在西北和西南地区的分布比较集中，大多生长在海拔 1 000～2 000 米的山林中。

(四)软枣猕猴桃

1. 形态特征　大型落叶藤本。株高 8 米以上，当年生枝基本无毛，偶有短茸毛，长 7～15 厘米；二年生枝灰褐色，无毛或局部呈污灰皮屑状，皮孔长圆状或短条形，不明显。叶膜质或纸质，椭圆状卵形，长圆形或近圆形；长 8～12 厘米，宽 5～10 厘米；顶端渐尖，基部圆形或浅心状，等侧或稍不等侧，边缘有锐尖齿；叶面深绿色，背面色稍浅，被褐色茸毛或刺毛或无毛。腋生聚伞花序，雌花 1～3 朵，雄花多朵，花绿白色或黄绿色，花冠径 1.2～2 厘米，有芳香，花药黑色。果实卵球形至长圆柱形，纵径 2～3 厘米，单果重 9～17 克，绿色，无毛，无斑点，顶端喙状；果肉多汁，味甜，有淡香，每 100 克鲜果肉中含维生素 C 为 81～430 毫克，可溶性固形物 14%～15%，总酸约 1.3%。可鲜食、加工，或酿酒。

2. 分布　分布较广，在辽宁、吉林、河北、北京和天津郊区等地山区，大多集中分布在海拔 300～800 米的次生林、沟谷两侧，在湖南、安徽、福建、云南等地分布在海拔 1 000～2 570 米的疏林灌丛中。

(五)紫果猕猴桃

系软枣猕猴桃的变种，成熟果实紫红色。分布在云南、贵州、四川、陕西、广西等省(自治区)山区海拔 700～2 450 米的山林中。

(六)狗枣猕猴桃

1. 形态特征　小型落叶藤本或灌木状。高 2～7 米，当年枝稀被短柔毛，后脱落；二年生枝黄褐色，无毛，皮孔圆形、黄白色。叶膜质或纸质，长 6～15 厘米，宽 5～10 厘米；阔卵、长倒卵或椭圆形；两侧不对称，边缘有单或重锯齿；叶面绿色，背面淡绿色，开花后部分叶片顶端至上半部转为黄白色或粉红色。雌株单花，雄株聚伞花序，3朵；花白色或桃红色，有芳香，花冠径约1.5厘米。果实柱形或卵形，纵径2～3厘米，横径1～1.2厘米，单果重3.5～7克；果皮暗绿色，果肉淡绿色，质细味甜。可溶性固性物含量约9%，总糖约4.4%，总酸约1.2%，每100克鲜果肉中维生素C含量为264～1 360毫克。可鲜食或加工。

狗枣猕猴桃常呈灌木状，树势弱，萌芽率为36%～51%，发枝率34%～48%。在石灰质土壤生长时，叶片在开花后变色更强烈；在凉爽湿润环境生长良好，气温30℃以上会发生日灼现象。

2. 分布 分布在辽宁、吉林、黑龙江、甘肃、陕西、云南等省山区，俄罗斯、朝鲜、日本也有分布。多数集中分布在海拔1 000～1 500米的山林中。

(七)毛花猕猴桃

1. 形态特征 大型落叶藤本。当年生枝密被黄色茸毛或交织紧压绵毛，常能再分枝；成熟枝被皮屑状茸毛，皮孔大小不等。叶软纸质，阔卵形或椭圆形，长8～16厘米，宽6～11厘米；先端短尖或渐尖，基部圆、截形或浅心状，缘具硬尖小齿；叶面草绿色，背面粉绿色，密被乳白色或暗黄色星状毛。聚伞花序1～3朵，花粉红色，花冠径4厘米左右。果实柱状、卵珠形，密被白色茸毛；纵径3.5～4.5厘米，横径2.5～3厘米。单果重30～87克，果肉翠绿色，汁多味酸，每100克鲜果肉中维生素C含量为568～1 379毫克，可溶性固形物5%～16%，总酸1.3%～2.9%。

2. 分布 分布在广西壮族自治区的龙胜、资源、临桂、灵川、永福、全州、兴安、灌阳、平乐、贺县、富川、融水，江西省的宜春、新余；湖南省的茶陵、桂东、江华、宁远、麻阳、浏阳、城步，福建省的宁德、龙海、顺昌、南平，贵州省的雷山等地。生长在海拔500～1 900米的高草灌丛或灌木丛林中。

(八)金花猕猴桃

1. 形态特征 大型落叶藤本。当年生枝被茶褐色茸毛,皮孔显著,红褐色;二年生枝茸毛渐脱落。叶纸质,近圆形、阔卵形或披针状卵形;长 7～14 厘米,宽 4.5～6.5 厘米;顶端急尖或渐尖,基部截平,浅心形或阔楔形,两侧基本对称,边缘有圆锯齿;叶面草绿色,背面粉绿色。聚伞花序 1～3 朵,花金黄色,花冠径 1.5～1.8 厘米。果实柱状,单果重 10～30 克,绿褐色,无毛,斑点黄褐色。果肉多汁,味甜酸,可溶性固形物含量约 11%,总糖 4.4%～8.3%,总酸约 1.3%,每 100 克鲜果肉中维生素 C 含量为 34～71 毫克。

2. 分布 分布在广西壮族自治区的临桂、龙胜、兴安、资源,广东省阳山、乳源,江西省铅山,湖南省宜章、宁远、东安、城步、衡山、会同、靖州,贵州省荔波等地山区。生长在海拔 700～1 500 米的疏林、灌丛或山林中。

(九)桃花猕猴桃

1. 形态特征 大型半常绿藤本。当年生枝长 10～20 厘米,密被黄褐色茸毛;二年生枝暗褐色,皮孔灰褐色,毛被残迹明显。叶近革质,长卵状披针形或长椭圆形;长 10～30 厘米,宽 5～13 厘米;顶端渐尖或短尖,基部钝状或浅心形,偶有两侧不等,边缘有睫状小齿,叶面绿色;幼叶被稀疏短糙毛,中脉和侧脉糙毛较密,老时秃净,背面浅绿色,密被棕色星状茸毛。聚伞花序密被黄棕色茸毛,花常 3 朵,深桃红色,花冠径 3.5～4.5 厘米,花瓣 5～6 枚,后期向外反折。果实短圆柱形,密被黄棕色茸毛,纵径 3～3.4 厘米,横径 2.4～2.8 厘米,单果重 13～18 克。每 100 克鲜果肉中维生素 C 含量约 314 毫克,可溶性固形物 15%左右。

2. 分布 分布在湖北、浙江、福建等地山区。

(十)浙江猕猴桃

1. 形态特征 大型落叶藤本。花枝长 10～25 厘米,绿褐色或红褐色,被茸毛,后渐脱落;营养枝具侧枝,被黄褐色茸毛。叶纸质,长圆形或长卵形;长 5～20 厘米,宽 2.5～11 厘米;顶端渐尖或短尖,基部浅心形或耳形,叶面基本无毛;背面绿色,近无毛,或主、侧脉上具黄褐色茸毛,网脉上被银白色茸毛。花单生或二歧聚伞花序,花 3～7 朵,淡粉红色,花瓣 6 枚左右,倒卵形或窄倒卵形。果实长圆形,黄绿色,密被短茸毛或银白色点状长毛;纵径 3.5～4 厘米,横径约 3 厘米,平均单果重 20 克,果肉绿色,味甜酸,汁液多。每 100 克鲜果肉中维生素 C 含量为 289～371 毫克,可溶性固形物 10%～13%,总糖约 11.5%,总酸 1.5%～1.7%。种子少。

2. 分布 分布在浙江西南、江西铅山、福建东南和西部山区。

(十一)黑蕊猕猴桃

1. 形态特征 中型落叶藤本。当年生枝深绿色,近上部淡红色,无毛,皮孔椭圆形,绿白色,凸起;二年生枝灰褐色,皮孔显著。叶纸质,椭圆形至长圆形;长 6～12 厘米,宽 3.5～4.5 厘米;顶端急尖至渐尖,基部圆形至阔楔状,等侧或稍不等侧,叶缘锯齿近顶端大而稀,中、上部细密,基部稀少;叶面深绿色,背面浅绿色。聚伞花序,花常 3 朵,偶有单花,白色,花瓣 5 枚,花冠径 2.2 厘米,花药黑色。果实近卵圆形,褐色,无毛,纵径 3 厘米,平均单果重 15 克,果肉绿色,果心小,白色,味甜,汁液中等多。每 100 克鲜果肉中维生素 C 含量约 203 毫克,可溶性固形物约 14%,总酸约 0.9%。

2. 分布 分布在四川、贵州、甘肃、陕西、湖北、浙江、江西等地山区,生长在海拔 1 000～1 600 米山地阔叶林的湿润处。

二、果用类群

(一)刺毛猕猴桃

1. 形态特征　大型落叶藤本。株高达 8 米，当年生枝疏被刚毛，二年生枝棕红色，皮孔长圆形。叶纸质，阔卵形或近圆形；长 12～17 厘米，宽 10～15 厘米；顶端凹陷或有短尖，基部略圆或呈心形，边缘有细长尖齿；叶面疏生或密被短硬糙毛，背面银灰色，密被白色星状毛；叶柄长 3.5～7.5 厘米，密被短柔毛。聚伞花序 2～3 朵，花橙黄色，花冠径 1.8 厘米左右，花瓣 5 枚或 3～4 枚，长卵圆形。果实近圆形或椭圆形，被褐色长糙毛，横径 2～3 厘米，平均单果重 28 克，果肉淡绿色，味甜酸，汁液多。每 100 克鲜果肉中维生素 C 含量为 70.5 毫克，可溶性固形物约 10.5%，总酸约 1.3%。

2. 分布　分布在我国台湾阿里山海拔 1 300～2 600 米的山林中。

(二)湖北猕猴桃

1. 形态特征　大型落叶藤本。当年生枝黄绿色，无毛，皮孔淡黄色；二年生枝褐色，皮孔线状或点状，淡黄色。叶纸质，卵形或倒卵形，长 6～14 厘米，宽 5～13 厘米；叶面绿色，顶端稍圆或尖出，稍凹陷，基部心形，背面淡绿色，被稀疏星状毛，毛早脱落，叶脉显著，边缘有睫状细齿，两侧对称。花常单生，花瓣白色，基部淡紫红，花冠径约 2 厘米。果实卵圆形、圆锥状或近球形，褐绿色，无毛，密被棕色斑点；纵径 2～3 厘米，横径 2～2.5 厘米，果肉绿色，果心小，汁液多，味酸甜。每 100 克鲜果肉中维生素 C 含量为 51～60 毫克，可溶性固形物约 14%，总糖约 8.5%，总酸约 1.2%，总氨基酸约 2.24%。

2. 分布　分布在湖北宜昌等地。

(三)大花猕猴桃

1. 形态特征 大型落叶藤本。当年生枝长10厘米左右,被稀疏黄褐色茸毛,皮孔浅黄色,椭圆形;二年生枝褐色,疏被褐色短糙毛,皮孔椭圆形或圆形,灰白色,不显著。叶纸质,倒卵形至椭圆形;长9～14厘米,宽5～10厘米;顶端急尖至突尖,基部钝圆或浅心状,边缘有芒状小锯齿;叶面深绿色,背面浅绿色,薄被黄褐色不分支或分支近星状柔毛,叶脉不发达。聚伞花序2～3朵或单花,花淡黄色,有芳香,花冠径4.5厘米,雄花稍小。果实圆柱形或椭圆形,果皮褐色,被灰白色或黄褐色茸毛,果尖喙状,纵径约4.9厘米,横径约3.9厘米,平均单果重40.3克,果肉绿色,质脆,味酸,汁液多。每100克鲜果肉中维生素C含量约213.75毫克,可溶性固形物约13.71%,总酸1.05%～2.04%。

2. 分布 分布在四川省天全、云南省会泽、贵州省贵阳市六冲关等地,生长在海拔1 260～1 980米处山林中。

(四)长叶猕猴桃

1. 形态特征 大型落叶藤本。当年生枝长5～15厘米,有时长达3米,疏被红褐色硬刺毛;二年生枝灰褐色,基本秃净或残留断损硬刺毛,皮孔显著,结果枝较短。叶纸质,披针形、倒卵状披针形或长椭圆形;长7～19厘米,宽3～7.2厘米;顶端短尖至钝状,基部近圆形,两侧常不对称,边缘有小锯齿;叶面绿色,稍有光泽,背面灰绿色、茶绿色或粉绿色,疏被白色柔毛。聚伞花序2～3朵,花稀单生,淡紫红色。果实卵状圆柱形,有斑点,密被灰黄褐色刚毛,逐渐脱落,有宽而浅的纵沟;纵径约3厘米,横径约2厘米,单果重16～30克,果肉绿色,味酸甜,有浓香,汁液多。每100克鲜果肉中维生素C含量为30毫克左右,可溶性固形物约14.1%,总酸1.05%～1.61%。

2. 分布　分布在浙江省景宁，江西省铅山、上饶，安徽省大别山、黄山等地山区，福建省也有分布。

（五）漓江猕猴桃

1. 形态特征　大型落叶藤本。当年生枝淡黄褐色，密被星状茸毛；二年生枝红褐色或深褐色，毛被逐渐脱落或全部脱落，皮孔明显，长圆形，淡黄色。叶纸质，倒卵形或倒阔卵形；长 4.5～12 厘米，宽 6～11.5 厘米；顶端短尖，稀截平或中间凹陷，基部心形，边缘有小硬锯齿；叶面稀被短茸毛，背面密生白色星状短茸毛；老叶两面毛渐脱落，叶脉显著。聚伞花序，花 1～2 朵，淡黄色。果实圆柱形，皮绿色，有褐色斑状皮孔，被深黄色茸毛逐渐脱落；纵径 4～5 厘米，横径 2～2.5 厘米，平均单果重 28 克，果肉翠绿色，汁液少，味稍酸。每 100 克鲜果肉中维生素 C 含量约 60 毫克，可溶性固形物约 14%，总酸约 1.1%。

2. 分布　分布在广西桂林及漓江一带。

（六）河南猕猴桃

1. 形态特征　落叶藤本。当年生枝红褐色，二年生枝黄褐色或浅灰色，皮孔椭圆形，较密。叶近圆形、椭圆形或倒卵状；长 9～10 厘米，宽 5～8 厘米；叶面绿色，背面灰绿色；顶端稍扭曲或急尖，基部圆形，边缘具锐锯齿。聚伞花序有花 3～5 朵，花白色，花冠径 2.5～3 厘米。果实圆柱形，果皮成熟时转红色，无斑点和毛被，单果重 15～23 克，果肉绿色。每 100 克鲜果肉中维生素 C 含量约 29.7 毫克，可溶性固形物约 16%，总糖约 10.7%，总酸约 1.31%。

2. 分布　分布在河南省卢氏县熊耳山、崤山地区，生长在海拔 1 000～1 700 米的山林中。

(七)清风藤猕猴桃

1. 形态特征 小型落叶藤本。当年生枝长3～9厘米,徒长枝长达25厘米,无毛,皮孔显著;二年生枝长3～5厘米,黑褐色,皮孔显著凸起。叶薄纸质,卵形至长卵形,椭圆形或近圆形;长4～8厘米,宽3～4厘米;先端圆形至钝而微凹,营养枝上为短尖至渐尖,基部钝状或圆形,两侧基本对称,稀不对称,边缘具不显著圆齿;叶面深绿色,背面灰绿色,两面洁净无毛。花序2～4朵,花冠径约8毫米,白色。果实卵圆形,果皮暗红色,具细小斑点,秃净,纵径1.5～1.8厘米,横径1～1.2厘米,单果重12～25克,果心大,果肉绿色,味酸,汁液少。每100克鲜果肉中维生素C含量约68毫克,可溶性固形物约12%,总酸约1%。

2. 分布 分布在福建、湖南、江西、安徽等地山区,生长在海拔1 000多米的疏林中。

(八)大籽猕猴桃

1. 形态特征 中小型落叶藤本或灌木状。当年生小枝淡绿色,长5～20厘米,12厘米居多,无毛或下部被锈褐色小腺毛,皮孔不显或稍显著;二年生枝绿褐色,皮孔稀、小。叶膜质,卵形或椭圆形;长3～8厘米,宽1.7～5厘米;顶端急尖、渐尖或浑圆形,基部阔楔形至圆形,两侧对称或稍不对称,边缘有斜锯齿或圆锯齿,老叶近全缘;叶面绿色,无毛,背面浅绿色,叶脉不发达。花常单生,白色,芳香,花冠径约3厘米,雄花约2厘米。果实成熟时橘黄色,卵圆形或圆球形,纵径3～3.5厘米,单果重15～25克,果皮无斑点,果肉橘黄色,果心小,汁少。每100克鲜果肉中维生素C含量约20毫克左右,可溶性固形物约10%。

2. 分布 分布在江西、湖北、浙江、江苏、安徽等省低山、丘陵的阴坡灌丛中。

三、观赏类群

(一)昭通猕猴桃

1. 形态特征　中型落叶灌木。当年生枝长 8 厘米左右,密被红褐色长硬毛,皮孔凸起,淡黄褐色;二年生枝暗紫褐色,被深褐糙毛,多数断折,皮孔灰白色,凸起。叶纸质,长阔卵形矩圆或椭圆形;长 8～11.5 厘米,宽 5.5～8.5 厘米;顶端急尖或钝,基部浅心形,叶缘波浪状具大小相间的芒尖小锯齿;叶面深绿色,背面浅绿色,脉间叶肉隆起。雌花单生或数朵花呈簇生状,花黄色,花冠径 3 厘米左右。果实近球形,绿色,果点小而密,圆形,果顶稍凹陷,果肩浑圆或两侧不平;果实纵径约 2.1 厘米,平均单果重 7.1 克,果肉翠绿色,味淡,汁少,肉质软。每 100 克鲜果肉中维生素 C 含量约 30 毫克,可溶性固形物约 6.62%,可滴定酸约 0.6%。

2. 分布　分布在云南省彝良、昭通、绥江、威信等地及四川叙永、洪县和雷波,一般都生长在海拔 1 360～1 551 米的山林中。

(二)葡萄叶猕猴桃

1. 形态特征　大型落叶藤本;当年生枝长约 10 厘米,浅绿褐色,皮孔黄褐色;二年生枝紫褐色,皮孔椭圆形或线状,白色或浅褐色。叶膜质或纸质,倒卵形,常歪斜,长 10～14 厘米,宽 7～9.5 厘米;顶端急尖或平截,基部钝圆或浅心状;边缘具大小不一芒刺;叶面绿色,无毛或被白色茸毛,背面绿色,叶脉稍隆起。雌花常单生,白色,花冠径约 3 厘米。果实短圆柱形,被棕色茸毛,纵径 3.2～4.4 厘米,横径 2.8～3.8 厘米,单果重 21～35 克,果肉淡绿色,果心较大,白色,味酸,有麻口感。

2. 分布　分布于云南省绥江、云龙和四川省马边、雷波、峨边等山区,生长在海拔 1 358～2 380 米的山林中。

(三)革叶猕猴桃

1. 形态特征 中型半常绿藤本。当年生枝坚硬,红褐色,长10厘米左右,皮孔显著,黄色;二年生枝细硬粗糙,褐色,皮孔线状。叶革质,长椭圆形至倒披针形,顶端急尖,基部钝圆或阔楔状;叶面深绿色,背面浅绿色,边缘有稀疏锯齿,上部锯齿粗大。雌花常单生,偶有2~3朵,雄花为三歧聚伞花序,平均每序有花22朵,每花枝有花序数十个,花红色,花冠径约2厘米,花瓣5枚,有茸毛。果卵圆形或柱状卵珠形,绿色,有果点,无毛,纵径约2厘米,横径约1.3厘米,平均单果重1.8克。幼时被褐色茸毛,成熟时秃净,果肉味酸。每100克鲜果肉中维生素C含量约24毫克,可溶性固形物约13%,总酸约0.57%。

2. 分布 主要分布在四川、贵州、云南、广西等地,湖南西部也有分布,生长在海拔1 000米以上的阔叶林中。

(四)毛叶硬齿猕猴桃

1. 形态特征 大型落叶藤本。当年生枝坚硬,黄褐色,无毛,皮孔凸出,灰黄色或黄棕色;二年生枝紫褐色,皮孔凸起,黄棕色。叶纸质或亚膜质,长卵形或近椭圆形;长10~12厘米,宽6.5~8.5厘米;顶端急尖,基部钝圆,两侧不对称;叶面绿色,被稀疏糙状毛,背面浅绿色,主脉基部紫红色。花常单生,稀聚伞花序,花白色,花冠径约3.5厘米,花瓣6枚,卵圆形,长约1.7厘米,宽约1.4厘米,有重叠现象。果实近球形,绿色,无毛,纵径约1.8厘米,横径约1.1厘米,平均单果重4.8克,果肉绿色,果心中等大,味稍酸、涩、麻口,略脆。

2. 分布 分布在云南、广西、贵州、湖南等省(自治区)山地。

(五)对萼猕猴桃

1. 形态特征 中型落叶藤本。当年生枝淡绿色,长10~15

厘米，皮孔不显著；二年生枝灰绿色，皮孔显著。叶近膜质，阔卵形至长卵形，顶端渐尖或浑圆，基部阔楔形或截形，边缘有细锯齿；叶面绿色，背面浅绿色，无毛。聚伞花序 2～3 朵，常单花，花白色，花冠径 2 厘米左右。果实卵珠形，成熟时橙黄色，无斑点，果顶喙状，纵径 3.1 厘米左右，横径约 2.3 厘米，平均单果重 9 克，果心中等大，果肉橙黄色。每 100 克鲜果肉中维生素 C 含量约 92.4 毫克，可溶性固形物约 8.1%，总酸约 0.31%。

2. 分布　分布在江苏、浙江、江西、湖北、广东、福建、湖南、河南等地区低山谷地、丛林中。

(六)异色猕猴桃

1. 形态特征　落叶藤本。当年生枝无毛，皮孔椭圆形，白色，较密；二年生枝红褐色，皮孔小而稀，椭圆形，浅黄色。叶纸质，椭圆形；长 6～12 厘米，宽 3.5～6 厘米；叶面无毛，深绿色，顶端较宽，有突尖或渐尖，基部楔形，叶缘具尖刺状大锯齿；背面绿色，叶脉绿白色。聚伞花序常 3 朵，花白色，花冠径约 2 厘米，花瓣 5 枚，瓣上密具放射状纵条纹，雄花常单生。果实卵圆形、近球形或椭圆形，绿色，纵径约 2.4 厘米，横径约 0.9 厘米，果点密，圆形或椭圆形，黄棕色，近无毛，果肩窄，果尖具短喙，果肉翠绿色，果心较小，肉质软，汁少，甜酸味淡，有麻感。每 100 克鲜果肉中维生素 C 含量约 15.87 毫克。

2. 分布　分布在云南、广东、广西、贵州、湖南、江西、福建、浙江、湖北、安徽、台湾等地的山区。

四、高维生素 C 类群

(一)阔叶猕猴桃

1. 形态特征　大型落叶藤本。当年生枝绿色或蓝绿色；二年生枝褐色，皮孔长圆形，白色。叶坚纸质，长椭圆形或阔卵形；长15～22厘米，宽10～13厘米；顶端急尖或渐尖，基部浑圆或浅心状，有时平截或阔楔形，两侧基本相等，边缘疏具尖硬小锯齿；叶面草绿色或橄榄色，被白色茸毛，背面浅绿色，密被灰色至黄褐色星状毛。3～4歧聚伞花序，花瓣顶端及边缘近白色，基部浅红紫色，花径1.4～1.6厘米，有香气。果实圆柱状或卵形，单果重2～4克，果皮褐绿色，果点明显，果肉翠绿色，果心近白色。每100克鲜果肉中维生素C含量为940～2 148毫克，可溶性固形物约12.5%，总酸约1.51%。

2. 分布 分布在云南、贵州、安徽、浙江、福建、江西、湖南、广西、广东、台湾等省(自治区)，生长在海拔450～1 200米山谷、山沟的灌丛或森林迹地。

(二)安息香猕猴桃

1. 形态特征 中型落叶藤本。当年生枝密被茶褐色茸毛，皮孔小，不显著；二年生枝灰褐色，无毛或薄被灰白色皮屑状茸毛。叶纸质，椭圆状卵形或倒卵形；长6～9厘米，宽4.5～5厘米；先端短渐尖至急尖，基部阔楔状，缘具硬尖小齿；叶面绿色，背面灰绿色。二歧聚伞花序，花5～7朵，橙红色，花冠径约1.3厘米。果绿色，卵形或圆柱形，果肉黄绿色。每100克鲜果肉中维生素C含量约643毫克，可溶性固形物约9%，总酸约1.1%。

2. 分布 分布在江西省德兴；湖南省道县、宜章；贵州省雷山等地，生长在海拔600～900米的山林中。

(三)灰毛猕猴桃

1. 形态特征 小型半常绿藤本。当年生枝长5～10厘米，密被茶褐色茸毛或短茸毛，皮孔近线形，不明显；二年生枝深褐色，基本秃净或残存短茸毛，皮孔线状。叶纸质，卵状披针形或长卵形；

长6～10厘米，宽3.5～6厘米；顶端短渐尖，基部钝圆至浅心形，边缘具睫状小齿；叶面绿色，被极短或粒状糙伏毛或秃净，背面浅绿色，被30%～60%的灰白色星状茸毛。聚伞花序，花1～7朵，白色，花冠径1.5厘米左右。果实卵状圆柱形，纵径1.5～2厘米，被茸毛，成熟时毛被脱落，具斑点，单果重5～10克，果心小。每100克鲜果肉中维生素C含量为50～420毫克，可溶性固形物7%～19.2%，总酸0.9%～2.2%。

2. 分布　分布在广东的罗浮山、英德，及湖南、湖北等地山区。

(四)四萼猕猴桃

1. 形态特征　中型落叶藤本。当年生枝长3～8厘米，棕绿色，稀被紫红色长茸毛，皮孔大，稀疏，椭圆形或浅心形，白色；二年生枝灰褐色，无毛，皮孔稀而小，不明显。叶纸质，卵圆形；长4～8厘米，宽2～4厘米；两侧对称或不对称，顶端短、突尖，基部圆形或近平截；叶面深绿色，稀被白色倒状毛，背面灰绿色，主脉绿色，密被白色或紫红色短茸毛。三歧聚伞花序，花3～7朵，黄白色，花冠径约2厘米，雄花径约1.2厘米。果实椭圆形或卵圆形，纵径约1.5厘米，横径约1.2厘米，平均单果重3克，果皮浅黄色，无毛，有喙，果肉橙黄色，味甜酸，多汁，有香气。每100克鲜果肉中维生素C含量约107毫克，可溶性固形物约15.5%，总酸约0.24%。

2. 分布　分布在甘肃、陕西、河南、湖北、四川、贵州等省山区。生长在海拔1100～2700米山地丛林近水的地方。

五、医药保健类群

(一)葛枣猕猴桃

1. 形态特征　中型落叶藤本或灌木状。高2～5米，当年生枝褐色，顶部疏被细柔毛，皮孔不显著；二年生枝深褐色，无毛，皮孔圆形，小而密。叶膜质或纸质，卵圆形或椭圆状卵形；长 7～14 厘米，宽 4.5～8.9 厘米；顶端急尖至渐尖，基部圆形或阔楔状，叶缘具细锯齿，被小刺毛；背面浅绿色，进入夏季时，部分叶片或叶片前端变成白色、淡黄色或浅粉色。花常单生，稀聚伞花序 2～3 朵花，乳白色，有芳香，花径 1.8～2.5 厘米。果实椭圆状或柱状卵圆形，果皮绿色或黄绿色，被白粉状物，纵径 2.5～3 厘米，横径约 2.1 厘米，单果重 4～15 克，顶端有喙。果肉橙黄色，果心较大，黄色，味甜酸，有辛辣味，汁液中等多。每 100 克鲜果肉中维生素 C 含量为 60～87 毫克，可溶性固形物 11.3%～17.5%，总糖约 6.3%，总酸 0.5%～1.23%。

2. 分布 分布在吉林、辽宁、黑龙江、河南、山东、四川、云南、贵州等地山区，生长在海拔 500～1 900 米的山林中。俄罗斯远东地区、朝鲜、日本也有分布。

(二)其 他

中华猕猴桃、美味猕猴桃、软枣猕猴桃等类群，在《本草纲目》等古籍中有“治骨节风、瘫痪不遂、长年白发”，“痔病”，“解烦热、压丹石、下石淋”等治病的记载。金花猕猴桃的根，民间以单方形式治疗鼻咽癌、胃癌、肝癌、乳腺癌等，但其药理和疗效尚需要进一步深入研究。

六、两性花类群

(一)粉毛猕猴桃

1. 形态特征 中型半常绿灌木。当年生枝被黄褐色茸毛；二年生枝红褐色至灰褐色，被短茸毛或脱落，皮孔少而小。叶纸质，厚，阔卵形至近圆形；长 9～11 厘米，宽 7～8.5 厘米；顶端短尖，基部浅心状，边缘具硬头小齿；叶面绿色，背面苍绿色，密被黄褐色星状茸毛，毛易脱落。多歧聚伞花序，花1～3朵，花为两性，花丝很短，花黄色或粉红色，花冠径约1.8厘米。果实近圆柱形，毛被脱落，果点大，纵径1～2厘米，横径0.5～1厘米，平均单果重8克左右，果肉绿色，果心圆形，浅绿色，味酸，不麻口，汁少。每100克鲜果肉中维生素C含量为1 350～1 636毫克，总酸约0.9%。

2. 分布　分布在广西田林、凌云，云南河口等地海拔740～1 420米的山林中。

(二)其　他

我国湖南省选育出的湘州83-802，无授粉树配置，能着生少籽或无籽果实。四川省城口县在中华猕猴桃类群中发现有两性花单株。河南猕猴桃类群中的一株两性花植株有时能结无籽或少籽的果实。江西省园艺研究所选育的雄株F.K.79-3-1的芽变枝条能坐果，平均单果重12克，其无性系子代也能保持这一特性。云南省发现在黄毛猕猴桃类群中有雌、雄花同株的个体。据杜元林(2003)报道，用美味猕猴桃两性花植株作母本，与美味猕猴桃雄株杂交，子代植株中有雌性花、雄性花和两性花的植株。经育性测定，雌性花的花粉无萌发力；雄性植株的花粉不萌发或早期凋谢，但也有能萌发的花粉；而两性花植株的花粉都有萌发力。深入研究，一定可以选育出有价值的两性花植株。

七、抗寒类群

猕猴桃属植物中抗寒力很强的有狗枣猕猴桃、葛枣猕猴桃和软枣猕猴桃。狗枣猕猴桃能在－40℃低温条件下安全越冬。紫果猕猴桃、京梨猕猴桃、黑蕊猕猴桃等类群也很抗寒，它们大多分布在北纬35°左右，属温带湿润季风气候带。它们主要分布在南温带、亚热带海拔1 500～2 000米或以上的高山地区，生长在混交林和杂木林中。

猕猴桃的抗寒性可通过引种驯化方法逐步提高，或采用杂交或选择育种措施培育，苏联米丘林培育的克拉拉·蔡特金品种就是从狗枣猕猴桃类群中选育获得的。

八、耐高温、干旱类群

据调查，红茎猕猴桃及其变种革叶猕猴桃的耐高温、干旱能力较强，毛花猕猴桃和金花猕猴桃也能耐高温、干旱。

分布在北纬 25°以南地区的阔叶猕猴桃、中越猕猴桃、漓江猕猴桃、绵毛猕猴桃和桂林猕猴桃引种到武汉地区后，也能在炎热的夏天正常生长，但阔叶猕猴桃的生育期较其原产地要缩短约 1 个月。

据湖北省农业科学院果树茶叶研究所对通山 5 号、武植 3 号、庐山香、金农、海沃德、金魁和秦美等无性系做抗逆能力试验。结果表明，通山 5 号和海沃德的抗逆性较强。

第二节　猕猴桃属植物的分布

猕猴桃属植物为中国主产。从秦岭以南、横断山脉以东的大陆向四周延伸，东至日本，南陲印度尼西亚的爪哇岛，西达西藏的雅鲁藏布江，北上俄罗斯的萨哈林岛，约跨南纬 8°至北纬 50°，东经 85°至 145°的地区。中国是该属植物的分布中心，除青海、宁夏、新疆、内蒙古等省（自治区、直辖市）尚未发现，其余地区都有分布，类群比较集中的地区有云南、广西、湖南、四川、重庆、贵州、江西、浙江、广东和湖北等省（自治区、直辖市）（表 2-1）。毗邻国家，如朝鲜、日本、俄罗斯、印度、尼泊尔、不丹、锡金、越南等国也有少量分布（表 2-2）。该属类群由密集至稀疏的分布模式，颇有中国植物区系的特征。受环境条件影响，有的类群演化十分强烈，产生了许多变异体，有的类群则成为特有成分。

第二章 猕猴桃的植物学特征

表 2-1 中国猕猴桃属植物类群的分布

地 区	类群数	特有成分	地 区	类群数	特有成分
云 南	45	10	湖 南	32	0
贵 州	27	0	安 徽	12	0
四 川	20	1	河 南	10	0
重 庆	14	1	陕 西	10	0
西 藏	6	0	甘 肃	8	0
广 东	23	0	辽 宁	3	0
广 西	32	7	吉 林	3	0
海 南	3	0	黑龙江	3	0
浙 江	15	0	河 北	1	0
江 西	22	0	北 京	3	0
江 苏	4	0	天 津	1	0
福 建	18	0	山 西	2	0
台 湾	5	2	山 东	3	0
湖 北	17	1			

表 2-2 国外猕猴桃属类群的分布

国 家	类群数	特有成分	国 家	类群数	特有成分
俄罗斯	3	0	缅 甸	2	0
朝 鲜	3	0	老 挝	1	0
日 本	7	2	越 南	3	1
印 度	1	0	泰 国	2	0
尼泊尔	0	1	柬埔寨	1	0
不 丹	1	0	马来西亚	2	0
锡 金	1	0			

猕猴桃属各组也有其分布范围,净果组偏北,约在北纬 145°地带,属于北温带、中温带类型;斑果组大多集中在云贵高原;糙毛组的分布区最小,各类群相对独立,分布零散,说明该组在系统发育过程不很发达;星毛组多数类群在长江流域以南,为南温带和亚热带类型,在系统进化过程有强大的影响力。在类群之间的分布差异也很大,葛枣猕猴桃和狗枣猕猴桃在 15 个省(自治区、直辖市)都有分布;而软枣猕猴桃分布更广,除西藏、台湾、广东、海南省(自治区)尚未发现,其他地区都能生长。而某些特有类群只能适应很窄的地区。

猕猴桃属植物的垂直分布,因地区和类群而异。多数类群在秦岭、巴山、熊耳山、伏牛山、桐柏山、大别山、武当山、大巴山、邛崃山、娄山、巫山、大凉山、武陵山、雪峰山、九岭山、大瑶山、武夷山、戴云山、雁荡山、天目山、崂山、五指山、阿里山等中高山地、低山地和丘陵地区。葛枣猕猴桃、软枣猕猴桃、狗枣猕猴桃、黑蕊猕猴桃和硬齿猕猴桃能适应 150～3 500 米的不同海拔垂直梯度;毛叶猕猴桃、京梨猕猴桃、异色猕猴桃则在海拔 1 000～1 500 米的垂直梯度;而簇叶猕猴桃、大籽猕猴桃和漓江猕猴桃则分别局限在 1 500 米、1 300 米和 200 米的海拔高度。

中华猕猴桃和美味猕猴桃主要分布在北纬 21°至 34°29′,东经 103°21′至 120°41′地区(图 2-1)。包括浙江、江苏、安徽、江西、湖南、湖北、陕西、河南、广西、四川、云南、贵州、广东和福建等地,中华猕猴桃偏向东南分布,垂直分布为海拔 40～2 000 米,以 500～1 000 米的海拔梯度最多;美味猕猴桃靠近西北和西南,在海拔 200～2 600 米,但大多集中在海拔 800～1 600 米的梯度。

第三节　中华猕猴桃和美味猕猴桃

中华猕猴桃的标本是从浙江杭州采集,由植物学家 Planchon

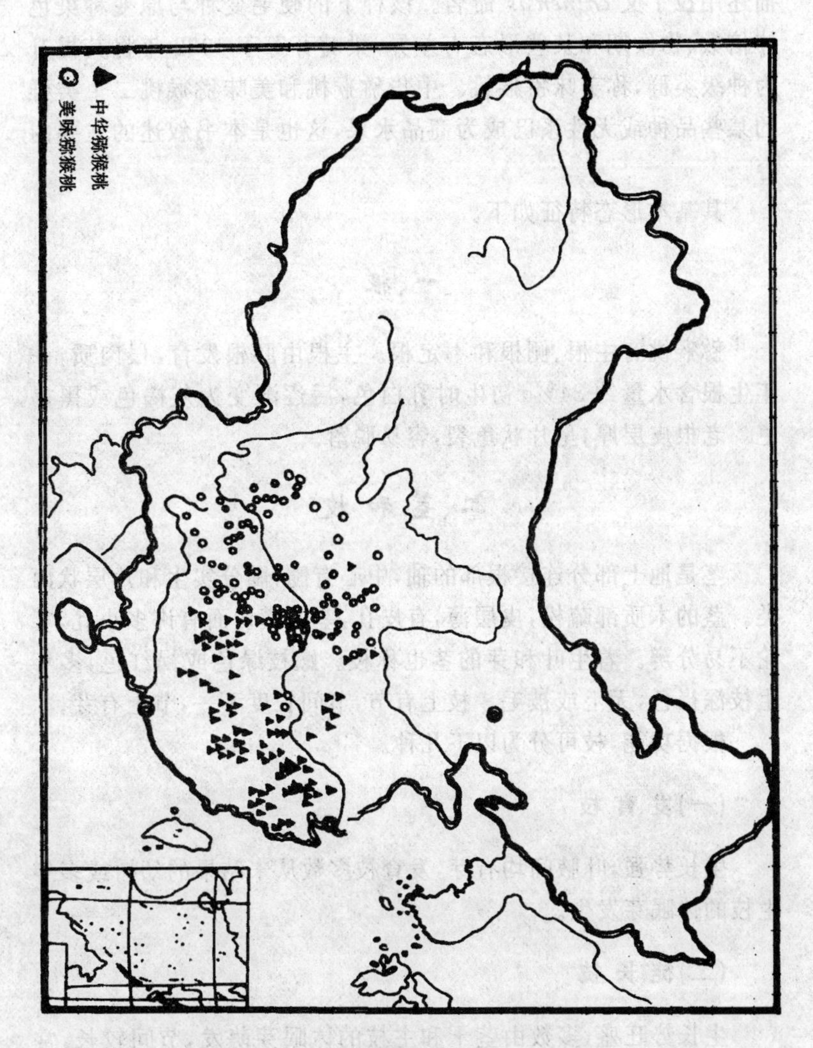

图 2-1　中华猕猴桃和美味猕猴桃的分布

描述用拉丁文 *chinensis* 命名。该种下的硬毛变种与原变种染色体倍数、物候期和某些形态有差异，梁畴芬等于 1983 年将其提升为种级类群，称美味猕猴桃。中华猕猴桃和美味猕猴桃二个类群的某些品种或无性系已成为商品水果，这也是本书叙述的主要内容。

其基本形态特征如下。

一、根

猕猴桃有主根、侧根和不定根。主根由胚根发育，根肉质，一年生根含水量约 84%，初生时乳白色，后逐渐变为灰褐色或黑褐色。老根皮层厚，呈片状龟裂，容易脱落。

二、茎 和 枝

茎是地上部分连接根部的轴，中心有髓，髓分实生和片层状两类。茎的木质部疏松，皮层薄，有皮孔，茎的横切面有许多小孔，年轮不易分辨。着生叶和芽的茎也称枝。嫩枝绿色或褐红色，多年生枝深褐色，无毛或被毛。枝上有节，节间长度不一，节上有芽。

根据功能，枝可分为以下几种。

(一)发 育 枝

生长势强，叶腋间均有芽，发育枝多数从未结果的幼树或多年生枝的休眠芽发生。

(二)徒 长 枝

生长势旺盛，多数由茎干和主枝的休眠芽萌发，节间较长，常被硬毛，长度一般为 4～5 米，也有 7～8 米者。能分生副梢。

(三)衰弱枝

生长细弱,多数从树冠内部连续结果的枝条上萌发。

(四)结果枝(雄枝称花枝)

当年开花结果的主要枝条。根据其长势和长度可分为五类:①徒长性结果枝,长度在 1 米以上;②长果枝,长度在 50 厘米左右;③中果枝,长度在 10～30 厘米;④短果枝,长度在 5～10 厘米;⑤5 厘米以下者为短缩果枝。

三、芽

芽分为叶芽和混合芽,叶芽萌发枝和叶,花芽为混合芽。叶腋间的芽一般有 1～3 个,呈半裸露和裸露状态,外被茸毛或锈色茸毛,鳞片数枚,也称鳞芽。花芽较肥大,在发育枝和结果枝的中、上部容易形成花芽。萌发的芽称活动芽,不萌发的芽称休眠芽。

四、叶

叶为单叶互生。叶较大,纸质、膜质或革质;叶片长 8～20 厘米,宽 6～18 厘米;形状有卵形、圆形、矩形、扇形等;叶面绿色,背面色稍淡,被毛;叶缘有锯齿或全缘;叶脉多数有毛。

五、花

(一)雌　花

花序 1～3 花,侧花发育不良,主花成为单花。花冠直径 4 厘米左右,初开时白色,花瓣 5～6 枚或稍多,鳞片 5～6 枚,被锈色茸毛。子房大,被白色茸毛,花柱 30 多枚,呈放射状。基部联合成雌蕊。胚珠多数，雄蕊退化为170多枚，花丝白色，花药黄色，花粉无萌发力。

(二)雄　花

花序常3花，也有6～7花者，雄蕊多数，花丝上的花药内含有具萌发力的花粉。子房退化，心室无胚珠，花柱和柱头萎缩成暗红色点状。

六、果　实

由多心皮子房发育而成，属于浆果。

七、种　子

种子长圆形，内有胚及胚乳，胚直立，子叶短。种子千粒重1.16～1.3克，含油率35.6%，油有香味。

第三章　猕猴桃的生物学特性

第一节　生长发育特性

一、寿命和年生长周期

猕猴桃的寿命很长，在自然分布状态下，如秦岭太白山、河南省伏牛山等地100多年生的美味猕猴桃和中华猕猴桃藤蔓都可以见到；400多年树龄的中华猕猴桃，在江西省修水县被发现时仍然枝繁叶茂、果实累累。吉林省集安县等地的软枣猕猴桃，贵州省雷山的阔叶猕猴桃，福建省建阳、龙溪等地的毛花猕猴桃类群中都能发现仍在开花结果的数十年生老藤蔓。猕猴桃如果能在良好的条件下栽培，结果期会保持较长的年限，说明其经济寿命可以很长。

猕猴桃的年生长周期在类群、无性系和品种之间是有差异的。北京郊区有防风林小气候环境，中华猕猴桃3月中下旬芽萌动，4月上中旬展叶，4月中旬新梢开始生长，5月上中旬开花，10月中下旬果实成熟，11月上中旬落叶，如果没有寒流和大风，落叶期可延长至12月上旬，生育期在210～230天。而在不同地区，由于纬度、海拔、气温和湿度等综合因素影响，中华猕猴桃的物候期是不一致的。美味猕猴桃的年生长周期较中华猕猴桃长10～14天，福建省连城、漳平等地的毛花猕猴桃在2月下旬至3月上旬芽萌动，4月下旬至5月上旬开花，10月果实成熟，11月上中旬落叶，生育期260天左右。阔叶猕猴桃在这些地区，果实则12月份才成熟，落叶期迟至翌年春天，生育期相对延长。辽宁省本溪、抚顺等地的软枣猕猴桃的萌芽期在4月中旬，4月下旬至5月初展叶，花期在6月上中旬，8月下旬至9月中旬果实成熟，约在10月上旬落叶，生育期160～180天。狗枣猕猴桃容易落果和落叶，生育期为150～157天，密花猕猴桃、柱果猕猴桃、美丽猕猴桃和粉毛猕猴桃等属于常绿和半常绿类群，没有明显的落叶期。

二、根系活动

猕猴桃主根不发达，侧根发育后，其主根逐渐衰亡，形成簇生性的侧根群。随树龄的增加，侧根作为骨干根迅速向四周呈水平方向扩展，侧根基部和顶端粗度相似，分生能力强，每隔30～40厘米就会发生支根；须根发达，呈丛生性缠绕生长，顶端根毛多，根系吸收和输导能力强；树液流动期根压增大，此时修剪就会伤流，3厘米粗的根被切断时，整个藤蔓的叶片在1小时左右就会萎蔫。成熟藤蔓的根系在离根颈1米处能深入土层50～75厘米，根幅为冠幅的3倍以上。

据华中农业大学对美味猕猴桃无性系艾佰特品种观察，土壤温度8℃时根系开始活动；土壤温度20℃左右，根系生长旺盛；温度再升高时，活动减缓；果实发育后期，根系又较快生长，随气温降低，根系逐渐减缓活动至休眠。根系活动和地上部分生长有一定规律性，通常较地上部分活动早、休眠晚。

三、枝梢生长

猕猴桃新枝从头年生长枝条的叶腋芽萌发，也可以从二年生以上枝条的芽萌发。中华猕猴桃的抽枝率为40%～60%，美味猕猴桃约为50%，软枣猕猴桃为80%～90%。海沃德的生长势较弱，但在萌发的枝条中，营养枝却能占10%～30%。

新梢生长与当年的季节气候有关，5月下旬温度逐步升高，7

月中旬前后雨水增多时，枝梢都会出现生长高峰。枝梢生长初期，通常都具有直立性；有些枝梢在生长后期因重量增加出现弯曲下垂现象；有些枝梢的顶端具有攀缘特性；有的生长到一定长度顶端有自枯现象，枯焦部分会自然脱落，而其下部的腋芽会萌发继续生长（其枯焦的长度与停止生长时间有关，徒长枝停止生长晚，其枯焦段可达 10 厘米左右，自枯的特性有利于自然更新）。各类结果枝停止生长时间很不一致，短果枝和短缩果枝在 5 月中旬就停止生长，但其顶部的芽仍能萌发新梢继续生长。

四、芽和叶的发育

当年生枝梢刚出现时芽即开始形成。从末端叶腋原基开始发展到最后的叶腋，叶腋原基呈螺旋状，约每隔 4 天沿着枝条相继发生；至开花时，腋芽已有 13 个叶原基，随后每节的腋芽也陆续出现；夏季，多数芽已完成发育；进入冬季时，每个芽已含有 3～4 个鳞片、2～3 个过渡叶、10 个芽原基和一些基生腋芽，每个芽含有叶原基的数量也有差异。

萌芽后约 40 天，最外面的 3～4 个叶腋间会发生基部芽，到休眠时，基部芽都已发育成多个密被绵毛的叶原基，翌年春天继续发育。有的还形成分生组织，这些芽多为休眠芽（不活动芽），当生长点或腋芽被损伤时，休眠芽才会萌发。

幼苗的旺盛枝梢多为叶芽，成年藤蔓良好的发育枝和结果枝中、上部的腋芽，常易形成花芽，花芽为混合芽。

根据李瑞高等在广西桂林对 24 个类群观察，中华猕猴桃的萌芽率为 58.8%，美味猕猴桃为 53.3%，密花猕猴桃最高为 84.2%，而软枣猕猴桃只有 14.3%。但在辽宁本溪等地软枣猕猴桃的萌芽率平均为 45%，高的可达 60%以上。

展叶头 30 多天，叶片生长很快，叶柄出现后快速生长到最后的长度，然后叶面积扩大，发育至成熟叶的形状和面积。叶形和叶片大小在类群之间变异很大。同一类群中也受树龄和着生在枝条上位置的影响。幼龄藤蔓和徒长枝中部的叶片特别大，枝梢基部叶片顶端多数较钝或凹陷，枝梢上部的叶片顶端尖形多。叶缘锯齿也多变异。

中华猕猴桃和美味猕猴桃幼龄藤蔓上的叶片褐红色，随藤龄增长变为绿色；狗枣猕猴桃开花后叶片上半部由绿色转为黄白色或粉红色。

第二节 开花生物学

一、发端和花芽分化

花的发育、授粉和坐果决定了猕猴桃的生产和经济收入。猕猴桃的雌花都能结果，但是授粉不良时将会严重影响果实的商品价值。

花的发端复杂，难于全面详细了解。一般在仲夏季节，花枝从侧枝（即二年生结果母枝）上发育。此时，第十三节位以后的腋芽逐渐生长较差，由于受到侧枝上叶的影响，第十三节位的腋芽分生组织产生了花的刺激；随后，从第五至第十二节位的腋芽分生组织突然从营养生长转变为生殖生长，即为花的发端（唤起），但在形态上变化不大。这些腋芽即发育为花枝（结果枝）的混合芽。在夏末季节，海沃德、蒙蒂及一些雄性品种（无性系）的大多数侧枝腋芽，已出现花的发端。

猕猴桃有限枝和无限枝都具有发育花枝的能力，但以生长充实的一、二次梢的中下部腋芽抽生花枝的百分率较高。细弱的短枝只能在假顶芽或其附近的腋芽形成混合芽抽生花枝，由于树势强弱的差异和腋芽着生部位的不同，抽生的花枝有长、中、短之分，人们常以各花枝的比例来确定树势、划分品种。

辛培刚(1986)、余厚敏(1988)等曾对美味猕猴桃和中华猕猴桃的花芽分化做过研究报道,初步归纳为：①花芽分化常受气候因素影响,各地分化时期很不一致,如山东地区气温较低,3 月中旬还未见分化,而湖北、安徽等地在 2 月上中旬就可见到嫩梢下部已有腋芽原基形成；②同一类群内雄性无性系或品种较雌性早分化 7～10 天；③雌性和雄性花的形态分化在初期很相似,在雌蕊群分化以后则差异较大；④顶生花和侧生花的形态分化基本一致,顶生花出现较后者稍早数天。

花芽分化可分为以下几个时期：

第一,花序原基形成期。约在 2 月下旬,腋芽原基明显增大、伸长,弧形顶端逐渐变平,说明花序原基已经发育。

第二,花原基分化期。3 月上旬已形成明显的芽轴,顶端已分化顶生花原基,两端隆起,并发育为花瓣,苞片腋间已显著露出侧生花原基。

第三,花萼原基分化期。在花原基分化后数天,芽轴继续伸长,半球形分生组织两侧.分化成 5～7 枚萼片原基,萼片背面可见到多细胞的茸毛。

第四,花冠原基分化期。在 3 月中下旬,萼片原基内侧出现一轮 6～9 枚的花瓣原基,此时腋芽已从半透明变为淡绿色,密被棕红色茸毛。

第五,雄蕊原基分化期。花冠原基分化后,花瓣原基内侧迅速由外向内出现 3 轮(雌花为 2 轮)雄蕊原基,并有花药和花粉粒,也可见到幼叶。

第六,雌蕊原基分化期。在 3 月底至 4 月初,雄蕊原基内侧分化出许多小突起,每个突起发育成 1 枚心皮原基,从 4 月上中旬,雌花和雄花的形态分化出现明显区别。雌花中雌蕊原基发育迅速,中间凹陷,柱头和花柱高于雄蕊,呈放射状;雄蕊中的花药和花粉粒发育缓慢。雄花中雄蕊群发育很快,其上的花药发达,遮盖了退化的雌蕊群，而雌蕊发育缓慢，结构不完全。花柱和柱头被白色茸毛，不发育，子房内未见胚珠。4月中旬花粉粒形成，花粉母细胞开始减数分裂，4月下旬花粉粒成熟。

猕猴桃的雌花和雄花均具有潜在的简单或复合分歧聚伞花序。侧生花的发育常受品种特性和当年气候的影响。海沃德的侧生花常在花瓣形成以前就停止发育，成为单生花，个别年代也能完成发育而出现2～3朵花的花序。勃鲁诺等品种，侧生花的发育较雄性品种差，比海沃德稍好，介于二者之间。

在有性生殖分生组织的腋芽内，不是每个花芽都能正常分化的，只有约60%的花芽能正常发育至开花。许多花芽在花瓣发端之前就停止发育，有的在完成所有器官分化后才出现花芽败育。

花芽发育过程中，顶生花有时会因受某种影响不能及时发育，与形成侧生花的分生组织融合，出现花芽畸形并成为"扇形果"，这种现象大多发生在单生或简单聚伞花序的类群。在美味猕猴桃和中华猕猴桃的一些雌性无性系中，尤其在第四、第五个节位的叶腋内出现较多。

二、开　花

猕猴桃类群、品种或无性系的遗传特性会影响其始花年龄、开花量和花期的长短等，但这些生物学现象也与气候因素和栽培管理水平有关。

中华猕猴桃实生苗需4～5年开花；美味猕猴桃为4～6年。嫁接苗和扦插苗可提前2～3年开花。

猕猴桃属中的简单聚伞花序类群开花量较少，例如，九年生以上的海沃德藤蔓大约开花3 000朵，其中有1 500朵左右能形成商品果实。该属中的雄性品种或无性系花量较雌性多，但类群或无性系之间的开花量仍有较大的差异。一些多歧聚伞花序类群，如阔叶猕猴桃每花序有花 30～40 朵；桂林猕猴桃为 12～15 朵；美丽猕猴桃和清风藤猕猴桃则分别为 3～9 朵和 6～8 朵。

花期常受当年气候条件的影响，同一个品种甚至同一个藤蔓的花期，在不同年份的季节里可相差 3～10 天，海沃德有时相差 10～18 天。据中国科学院植物研究所北京植物园多年观察，中华猕猴桃的花期较美味猕猴桃早 7～10 天；两者的雄性无性系的花期均略早于其雌性花期。

花的幼蕾在新梢开始伸长时即可在叶腋间看见，之后新梢生长，花蕾发育(从现蕾到开花需 30 天左右)。猕猴桃花大多在早晨 5～6 时开放，初时花瓣乳白色，3～4 天后变黄、凋落。对整个藤蔓而言，向阳部位的花先开，同一枝蔓的花蕾下部的比上部的先开。而且类群之间开花位置也有差异，中华猕猴桃和美味猕猴桃在第二至第五节位上着花率为 81％～94％；毛花猕猴桃在第三至第六节位上着花率占 71％；而软枣猕猴桃多数在第五至第六节位上才着花。花序上顶生花开放 3～4 天后，初生侧花、次生侧花随之开放，两者相隔 1 天左右。花的开放与气温和藤蔓的营养状况相关。

花期在类群之间也有差异，3 月下旬至 4 月份开花的有中越猕猴桃、栓叶猕猴桃等；毛花猕猴桃的花期在 6 月下旬至 7 月上旬；金花猕猴桃、城口猕猴桃等多数类群的花期都在 5～6 月份。花期也因地区环境的差异而不同，狗枣猕猴桃在北京西郊 4 月下旬开花，而在辽东地区要在 6 月中下旬至 7 月初才开放。掌握花期对做好授粉准备很重要。

三、花量和花粉

猕猴桃属植物类群之间的开花量有很大的差异。李瑞高等曾对该属 24 个类群观察发现，阔叶猕猴桃每个结果枝有花序 1～10 个，每个花序有花 5～10 朵，而大多数类群有花 1～3 朵。笔者曾对中华猕猴桃类群的14个雄性无性系的开花量观察比较，发现开花量多的无性系比开花量少的多出4～5倍。中华猕猴桃雄性无性系每朵花的雄蕊数为32～61个，每花药含有的花粉粒为1.7万粒左右；美味猕猴桃的雄性无性系则分别为23～49个和2.24万粒左右。然而，这些花粉粒在花初放时就开始散落，花瓣完全展开时已散落多半花粉，继续散落1～2天后，盛花期过去并开始落花。花期长短各类群也不一致。中华猕猴桃和美味猕猴桃为5～6天，粉毛猕猴桃、糙毛猕猴桃、奶果猕猴桃等类群可长达11～17天。

花粉的生活力受很多因素的影响，同一类群的不同无性系之间差别很大。根据对14个中华猕猴桃雄性无性系做花粉萌发时间和萌发率的测定，发现花粉生活率与品种特性、藤蔓生长势和采集花粉时期有关。生长健壮的优良雄性系，在开花早期采集花粉，萌发率一定较高；反之，萌发率低。开花中、晚期的花粉萌发率要低20%左右。

猕猴桃雌花柱头对花粉具有不同的亲和力，只有能亲和的雄性花粉才能授粉。海沃德平均每个心皮含有40个左右的胚珠，授粉后只有部分花粉能在柱头萌发，且因温度、花粉管内沉积胼胝质以及花粉管伸长过程受到抑制等，在40～70小时只有部分花粉管进入胚囊释放精子与卵子受精。受精后也不是所有的胚珠都能发育成种子，因为有一部分胚珠会发育不正常或不能成熟。为此，授粉时必须提供大量花粉以便达到正常授粉。生产者应在果园配置较多的雄性藤蔓，或在雌蔓上高接雄性花枝，或在果园内放置若干箱蜜蜂，增加虫媒授粉率，或在盛花期用机械喷洒花粉等。但是在柱头上多次重复授粉反而会获得少量种子，其原因不是很清楚，有人认为可能花粉管相互竞争，抑制了其正常生长。授粉的雌花都能坐果，果实的重量与种子的数量和质量呈正相关。

据孝感师范高等专科学校刘殊年观察，如果授粉受精不完全，会使果实发育中内源激素失衡，从而导致种子退化而发生畸形果现象。不同品种间畸形果的形状并不相同，且果实的畸形率也存有一定的差异。

第三节　果实发育和结果习性

一、果实发育

据初步观察，中华猕猴桃和美味猕猴桃的果实发育很相似。雌花受精后 5～6 周至种子形成为第一阶段，此阶段主要是果实细胞分裂和扩大，生长迅速。第二阶段，果实生长相对缓慢，果心增大较快，10 周左右的果实体积和重量约为成熟时的 2/3，种子开始着色。开花后 23 周左右，果实接近成熟为第三阶段，果实短期快速生长，果心白色，内果皮绿色，果汁增多，糖分积累，有甜酸味感觉，果实的硬度随成熟度的增加而减小。

果实从发育到成熟，淀粉和糖类变化比较显著，果实中淀粉含量为全部干物质的 50%。花后 30 周左右，糖分的含量增加 1 倍，糖分开始从藤蔓转向果实。落叶开始时，糖分的浓度下降很慢，这也可说明呼吸和代谢过程对糖分的利用情况。此外，有一些矿物质在发育初期会减少，其他成分变化不大。

猕猴桃在充分发育到果实生理成熟时采收，可以获得较长的贮藏时期，其风味和香气能充分发挥，食用品质能达到优良。哈曼(Harman，1981)等科学家连续 4 年在同一果园采集样品，测定其硬度和可溶性固形物的变化，提出可溶性固形物在 6.2%时，海沃德品种的果实达到生理成熟，这个时期采收，可以保持最长的贮藏期和较好的食用品质。

二、结果习性

中华猕猴桃和美味猕猴桃的实生苗需要4～5年进入结果期，嫁接苗2～3年即可结果。

发育充实的徒长枝、着生结果枝的枝条都可成为结果母枝。结果母枝根据长度和生长势可分为3类。在20厘米左右的短弱枝，只能萌发1～2个结果枝，结果1～3个；健壮、中庸，长度20～100厘米的结果母枝，可萌发2～8个结果枝，可结果10多个；生长旺盛、长度为100～200厘米的徒长性结果母枝，能萌发10多个结果枝，可结果20多个。着果1年的枝条抽生的发育枝是最好的结果枝，多年生枝上萌发的新梢在当年不结果，至翌年萌发的新梢才能结果，结果枝能从结果母枝上连续抽生3～4年，果实大多数从枝梢基部第二或第三个节位到第七个节位的叶腋间着生，在聚伞花序上，以第三、第四节位居多。不同雌性系的结果能力有很大的差异，有的无性系有20%～30%旧结果母枝能萌发5～6个结果枝，也有占40%结果母枝的无性系只能萌发1个结果枝的情况；同样，有些无性系有60%的结果枝可着生5个果实，也有占30%结果枝的无性系只能结1个果实(表3-1)。同一类群无性系之间的结果部位也不一致，有些以长果枝结果为主，也有些在中、短果枝结果居多。雄性系的花枝大多着生在枝条基部第一至第九个叶腋内，花枝容易形成，开花量也大，花从基部到先端依次开放。

根据猕猴桃的结果习性，在栽培管理时可以控制一个比较合理的结果系统。例如，藤蔓有2个领导枝、10个主枝，每个主枝上各留3～4个结果母枝，每个结果母枝上保持4～5个结果枝，每个结果枝着果2～3个，这样每个藤蔓可获得1 300～1 500个果实。

表 3-1　各雌性无性系结果枝上果实的百分比

无性系号		各结果枝上的果实数(个)						
		1	2	3	4	5	6	6 以上
中华猕猴桃	61-1		10	10	20	60		
	61-10		60	10	30			
	61-12		40	40	20			
	61-36	10	30	40	20			
	61-43	30	50	20				
美味猕猴桃	57-25		20	20	20	40		
	57-26		20	50		20		10
	57-37			10	40	20	10	10

软枣猕猴桃的结果母枝生长状态比较复杂，结果枝大多数从结果母枝的中上部抽生，以中果枝和短果枝结果为主，两者分别占结果枝的 40%和 42%，短缩果枝占 10%，50 厘米以上的长果枝占 8%左右。软枣猕猴桃的新梢几乎都能发育成结果枝，从第二节至第十一节位都能结果，但以第四至第八节位居多(可占到该枝结果量的 80%以上)，每节位着果 1 个，也有少数为 2～3 个或 4～5 个的。雄性花枝从基部到顶梢都能在叶腋着花，以中部最多，而且最先开花。

第四章　猕猴桃的生态环境

猕猴桃属植物的生活史是其遗传性与环境条件相互协调适应的过程。每个类群的演化、分布、生长发育等无不与生态环境相关，猕猴桃只有在适宜并能免受危害的环境中生存和繁衍，环境是空气、温度、水分、光照、土壤和植被等生态因子的综合。为发展商品生产，必须了解猕猴桃的生态环境。

第一节　温　度

一、温度适应范围

猕猴桃不同类群对温度的适应范围很不一致，有的较广，而有的很窄。如果超越其适应范围，就会生长不良或者不能生存。如我国东北的一些地区，曾试图引种中华猕猴桃，终因温度不够而没有成功。软枣猕猴桃在亚热带的北缘基本没有分布。多数类群分布在热带北缘、亚热带和暖温带的季风气候条件下，这些地区的地貌、地形和地势复杂多变，在同一地区的温度也相差悬殊。一般年平均温度为 11.3℃～16.9℃，极端最高气温 42.6℃，极端最低气温为－20.3℃，≥10℃有效积温为 4 500℃～5 200℃，无霜期 160～270 天的地区，该属各类群基本上都能适应。

中华猕猴桃在年平均温度 14℃～20℃生长发育良好，美味猕猴桃在 13℃～18℃温度、≥10℃有效积温为 4 000℃～6 000℃条件下分布最广。据四川、福建、江西、辽宁等地的资源调查协作组实地考察，昭通猕猴桃、多花猕猴桃、星毛猕猴桃、革叶猕猴桃、大花猕猴桃等适宜的年平均温度为12℃～17℃；葡萄叶猕猴桃、海棠猕猴桃等适宜的年平均温度为11℃～15℃；毛花猕猴桃为14.6℃～21.3℃；中越猕猴桃集中分布于年平均温度18.7℃～22℃地区；阔叶猕猴桃在16.4℃～22.4℃广泛分布，但以年平均温度19.4℃～21.2℃的地区生长发育较好，果实较大，产量也高；软枣猕猴桃能适应气温5℃～8.2℃，也能在福建、云南等地16.9℃～17.9℃的温度条件下生长，但多数是在海拔1 500米或以上的山地；狗枣猕猴桃能耐－35℃～－40℃的低温，垂直分布可在500～3 500米，葛枣猕猴桃的垂直分布为海拔200～2 800米，说明上述3个类群的温度适应范围较广。

二、温度对生长发育的影响

温度在猕猴桃生长发育过程中常起主导作用，据勃鲁诺(1974)、廖纳克斯(1984)等研究指出，猕猴桃自然休眠在5℃～7℃低温下最有效，4℃～10℃低温也可以，0℃以下就不很理想；冬季经过930～1 000小时、4℃的低温积累，可以满足解除休眠的需要。

猕猴桃品种或无性系之间对冬季休眠需要的低温总量不很相同。海沃德需要的低温总量较勃鲁诺和蒙蒂高，因此海沃德在较寒冷的地区，其结果枝上花芽的萌发率较冬季温和地区高10%，果实产量也相应地有所增加。

猕猴桃的物候现象与温度密切相关，各物候相的出现时间和持续天数也都受温度制约。据四川、福建、湖北和北京等地观察，中华猕猴桃和美味猕猴桃在每年3月份，温度6℃以上时树液流动；3月中旬至4月上旬，温度在8.5℃以上时萌芽；展叶期约为4月中旬，此时的温度在10℃以上；花期一般在5月中下旬。温度在15℃～17℃时，从萌芽至开花始期的有效积温(≥10℃)为250℃～280℃。新梢生长和果实发育大多在20℃～25℃的温度条件下进行。当温度下降至12℃左右时，也是11月上中旬的初冬季节，此时猕猴桃已开始落叶并进入冬季休眠。在北京地区，美味猕猴桃的萌芽期和开花期，较中华猕猴桃晚7～10天，也说明猕猴桃类群之间解除休眠要求的低温量和开花期的有效积温有较大的差异。

由于各地区所处的纬度、海拔和地势等环境不同，猕猴桃接受太阳辐射的热量表现在温度上的差异，也影响着物候相的变化。如在海拔30米高的果园，较相距9千米、海拔300米高的果园，气温高1.5℃～2℃，其花期也相应地早7天左右。海沃德在不同气候地区种植，花期常可相差6周。

温度也影响着根系的活动。土壤温度8℃时根系开始活动，20.5℃时新根生长旺盛，30℃左右根系基本停止生长。

三、致害温度

春季的温度如果超过有效低温，就会造成危害。研究表明，持续半小时的－1.5℃低温，会使花芽和嫩梢受冻，即“冻花芽”。低温常使萌芽期延长和萌发不整齐，萌发早的芽会抑制晚萌发芽的发育。严重的低温也会冻死主干；早霜和晚霜突然来临，气温骤变或低温持续，都会造成树体伤害。一般情况下，山地或丘陵的冻害程度较平原要轻一些。

夏季高温使猕猴桃营养生长过度，果实内可溶性固形物的积累减缓，延迟了果实的成熟期。夏季高温，尤其在干旱酷热地区，如湖北、四川、江西的局部地区，7～8月份的最高气温达40℃以上。在阳光直射、没有遮阴、持续多天无雨且缺乏灌溉的条件下，猕猴桃树常会发生“日灼”。“日灼”在叶片、果实、枝蔓和主干上都会发生，在老弱的藤蔓上危害更严重。

秋季进入休眠后，猕猴桃的耐寒力会有所提高，但在－7℃低温时也会受害。

冬季－9℃～－10℃的低温持续1小时以上时，也会让休眠的猕猴桃发生严重冻害。因地表温度更低，一般藤蔓的根颈部常先发生冻害。

第二节　水　分

一、对水分的要求

猕猴桃原产地和集中分布区的气候带，大多属于湿润和半湿润气候区，雨量充沛，生境潮湿，根据类群分布的密度大概可分为以下3类。

第一类：年降水量1 400～2 000毫米、空气相对湿度为80%～85%的地区，如云南、广西和湖南等地，分布有35～56个类群。

第二类：年降水量在1 500毫米左右，空气相对湿度为70%～80%，集中分布有18～30个类群的有贵州、江西、湖北、广东、福建等地。

第三类：年降水量400～1 200毫米，空气相对湿度为55%～70%。在陕西、河南、甘肃、安徽、辽宁、吉林、黑龙江、西藏、山西、北京和天津等地有3～12个类群分布。

从以上归类可以看出，猕猴桃在长期系统发育过程中已形成了喜欢湿润的遗传特性，在低山丘陵、峡谷溪流的小生态环境，猕猴桃群体或个体均较干旱的环境生长繁茂，数量也多。

猕猴桃个体发育的复杂生理活动和形态变化都需要水分调节和支撑。在萌芽和新梢生长期，尤其要供应充足的水分。花朵在温暖、阳光充足、空气湿润的条件下能延续开放时间；而干旱高温的条件，花瓣展开后很快就凋谢。由于气候影响开花的物候相，花朵开放期在类群之间和年度间的差异都比较大。中国科学院植物研究所北京植物园对5个类群72个植株的花期，经5年观察的结果：中华猕猴桃花期为4～7天，美味猕猴桃花期为4.3～7.2天，葛枣猕猴桃花期为3～7天，狗枣猕猴桃花期为4～6天，软枣猕猴桃花期为6～7天；花期时湿润、温暖的条件对传粉和花粉在柱头上萌发也很有利。

开花后2周多，营养生长迅速，新梢生长量约占全年的70%，枝繁叶茂的藤蔓能依靠自身的光合同化作用提供养分，此时幼果也处于发育初期，猕猴桃对缺水反应很敏感，此期也被称为"水分临界期"。如果此时水分不足，会引发营养生长与生殖生长之间的水分矛盾。

二、干旱和水涝

猕猴桃的抗旱较一般果树差，据华中农业大学园艺系研究，猕猴桃的抗旱力与叶片的形态结构密切相关，茸毛密、色泽浓、蜡质厚、细胞间隙小、栅栏组织发达的类群比较抗旱；类群及其品种之间的抗旱力也有较大的差异。猕猴桃对土壤水分要求很高，尤其在水分临界期，水分不足会引起枝梢生长受阻，叶面积变小，叶缘枯萎，全叶皱缩。在河南、湖北和湖南等地的干旱季节，猕猴桃藤蔓的落叶率达50%～60%，严重时还会引起落果，落果率达45%左右，从而进一步影响树体的生长发育和花芽生理分化。

猕猴桃怕涝，据福井(1977)研究，一年生苗生长旺盛期淹水7天后，在30天内小苗全都陆续死亡。南方的梅雨和北方的雨季，如果连续下雨而果园排水不良，会造成"湿脚"，也就是根系部分处于水淹状态，使土壤透气不良，从而影响根的呼吸作用以及对水分和养分的吸收，进而阻碍地上部的生长，时间长了会导致根系腐烂、植株死亡。

第三节 光 照

一、分布区的日照

光的生态作用是由光照强度、日照长度和光谱成分等因素的综合影响形成的，由于各种条件的限制，在生产实践中常常用气象学实际测定的日照时数来简单表示，作为参考。

猕猴桃喜光耐阴，对强光直射敏感，在以常绿阔叶林为主的植被类型中，每年日照时数为 1 583～2 452 小时；猕猴桃与常绿、落叶混交林伴生时，日照时数为 1 200～2 100 小时；以落叶阔叶林为主的温带地区，可达 2 800 多小时的日照；在寒温带分布的类群，每年有 2 306～2 645 小时的日照。由于猕猴桃各类群分布的纬度、海拔和地势等环境不同，加之季节的年度变化，日照的实际情况也会有很大的差异。在高海拔地区，太阳照射的时间长，强度大，日照百分率也高，但海拔高的地方常有云雾的影响，日照强度也会迅速减低。低洼的山谷和盆地，日照较少；在背风向阳的坡地和平原地区，日照时数和日照百分率又会升高。多雨地区如贵州、湖南、四川、广西的局部地区，在雨季的日照时数很低，只有 1 000～1 200 小时，年日照率只有 25%～40%。具体到猕猴桃生长的小环境，日照的变化和差异更大，这样就限制了猕猴桃类群的分布。中越猕猴桃、栓叶猕猴桃和蒙自猕猴桃等只能分布在日照时数较少的地区，阔叶猕猴桃的分布区大多在日照 1 200 小时左右的地区。

二、光照的影响

猕猴桃在个体发育的不同阶段，对光照的要求不很一致。幼苗期要避强光，在盛夏的中午，幼龄小苗的生长应适当遮阴；进入结果树龄以后，要求有较长的日照时数和较强的光照。在植物群落中伴生的猕猴桃都会寻找光源向上攀缘生长。据姬野氏 1983 年研究，猕猴桃的光补偿点为 500～1 000 勒；光饱和点，以蒙蒂品种为例，20℃时为 15 000 勒，25℃和 30℃时为 25 000 勒；勃鲁诺品种在 30℃弱光时，光合作用速度降低，并出现暗呼吸现象，这说明猕猴桃对光照的要求较高。在树冠阳面，枝条在光照条件下，越冬芽的开花量达 50%，结果量较树冠阴面多达 3 倍；而在阴面，开花和结果的数量大为减少。摩根等(1985)用高光照和低光照处理四年生猕猴桃植株，结果表明，无论是雌性品种还是雄性品种，高光照处理后，萌芽数、花枝百分率，每个枝条的好花数目等，都比低光照处理的效果好(表 4-1)。这说明高光照条件能提高光能的利用率，有利于花芽分化和积累养分。据格莱特等(1984)观察，猕猴桃叶幕上层果实的种子含量、淀粉含量及可溶性固形物都比树冠郁闭部位的果实高，分析可能是净光合率高的关系。

表 4-1　猕猴桃花诱导的辐射环境对翌年开花的影响

萌芽开花	海沃德		马图阿	
	高光[1]	低光[2]	高光[1]	低光[2]
萌芽率(%)	47	40	70	48
花枝率(%)	57	8	96	94
每枝条着花节数	3.1	1.3	6.4	4.6
每节的好花数	0.32	0.11	2.4	1.6
果实指数[3]	100	16	100	32

注：1. 高光环境；2. 低光环境约等于 60%的遮阴；3. 指数是由决定果实数量的各种组成成分产生，作为高光处理的标准(即高光=100)。

在果园防风林近旁 1～2 行猕猴桃藤蔓的枝条节间长、芽眼小、叶片薄，而且太阳辐射的热量少、温度低，会影响蜜蜂的传粉活动。尼龙网水平覆盖的果园，也有类似现象。

第四节　土　壤

一、土壤类型

猕猴桃对土壤的适应范围很广。分布区的土壤有山地森林土、棕壤、黄壤、红壤、红棕壤、石灰土、沙壤土和黑土等，由页岩、片麻岩、石灰岩和砂岩风化而成。其中，棕壤、黄壤、红棕壤和森林土最适合猕猴桃的生长发育，这类土壤由粗粉粒和沙粒组成，团粒结构好、透气性强、保水保肥、分解有机质快，腐殖质含量为3%～5%，土温比较稳定。

河滩地广泛分布的沙土，土壤孔隙太大，不易保持肥水，土壤温度变化大；低洼地的黏土，黏粒含量高（含量大多超过50%），透气性差，干旱天气地面板结，梅雨季节泥泞积水，有机质分解慢，土温冷凉。以上土壤只有经过改良，如增加有机质成分、提高保水量，并设排水措施后才能种植猕猴桃。

土壤的pH值以5.5～6.5较好，但在江苏省徐州地区，pH值达7.8的盐碱地，经过施用有机肥等措施，猕猴桃也能生长良好。碱性大的土壤会造成叶片黄化现象，幼苗期表现更严重。

二、无机盐

猕猴桃对无机盐营养的需要量很高，各类土壤中无机盐的含量是不同的。据河南省信阳地区猕猴桃协作组对分布该区34个土壤样方分析的平均值：土壤中含有五氧化二磷0.12%，三氧化二磷3.39%，氧化钙0.86%，氧化镁0.75%，五氧化二铁4.19%；根据福建省14个猕猴桃分布区的14个样方分析的平均值：pH

值 5.25，有机质 5.4%，全氮 0.266%，全磷 0.082%，水解性氮 25.78 毫克/100 克土，速效磷 3.45 毫克/千克，速效钾 225.4 毫克/千克。这些数值说明上述地区土壤中的无机盐营养比较丰富，能满足猕猴桃生长发育的要求。

第五节　风

温和的风能调节大气的温度和湿度，降低干热高温的气候，改变潮湿的气候，使其凉爽适宜。“风和日暖”与“和风细雨”都有利于猕猴桃的生长发育。

猕猴桃分布区主要为季风气候带，作为环境因素之一的风，也常常会带来灾害。风速与光合作用密切相关，没有风的天气，光合作用的同化量为 4.8 克/米^2；在 4.5～5 米/秒风速时，同化量却只有 2.77 克/米^2；在 0.2～0.3 米/秒的风速中，蒸腾作用可提高 3 倍；但强劲的风速会使叶片破散，枝梢萎蔫、折断或死亡。据湖南省岳阳市报道，该地区 1983 年春天遭受风害，造成 95%猕猴桃嫁接苗折枝，其中有 80%的叶片破裂，37%的花蕾和花朵受到损害。开花季节的干风常会影响传粉，笔者亲自目睹了 1993 年春季日本遭台风侵袭后的猕猴桃园，枝蔓上的幼果全部被刮落，导致当年绝产。果实成熟期如遇强风，会造成“风伤果”，果实受伤处会木栓化，随即成为褐色凹陷小块，严重影响其商品价值。初冬，当叶片的养分还没有完全输入树体、叶柄的离层尚未形成时，大风也会把绝大多数叶片吹落，影响树体养分的积累。

为避免风害，应选择无风害或背风向阳的地段，建立生产果园；或在建园时先营造好防护林。

第五章 猕猴桃的驯化和商品生产

第一节 猕猴桃在中国

一、引种驯化

近代以来，在浙江黄岩，湖南大庸、桑植，以及江苏雁荡山附近，农民都有在宅旁引种猕猴桃的习惯，其生产的果实可自食，也可少量出售，而且还能美化环境。湖南石门县李又选家一株约80年生的猕猴桃现仍生长健壮，每年硕果累累；浏阳市蕉冲汤长林家房前，攀缘在枇杷树上40多年生的猕猴桃，每年仍可生产100～125千克的果实，说明猕猴桃结果树龄较长。

20世纪50年代初，南京中山植物园引种少量猕猴桃进行栽培，上海植物园、中国科学院武汉植物园、庐山植物园、杭州植物园和西北农学院等单位也将猕猴桃属植物的一些种作为植物活标本引种栽培。中国科学院植物研究所植物园从苏联莫斯科总植物园引入了狗枣猕猴桃，并选育出品种克拉拉·察物金苗木及其授粉雄株；1957年从西安市买回美味猕猴桃果实，用种子育苗；1961年在俞德浚教授倡导下，作为维生素植物研究项目和轻工业部食品研究所合作组队赴河南伏牛山区调查，带回较大的中华猕猴桃果实，用其种子繁殖苗木后在有防风林条件的园内，篱架形式种植，开花结实后选出61-36、57-26等四个优良类型于1984年进行鉴定，获1986年国家科技成果，刊登于“国家科学技术委员会64期成果公报”。在中国科学院植物研究所0.17公顷的猕猴桃园，先后为28个省(自治区、直辖市)的近200个单位无偿提供了苗木、枝条和种子。有的单位从中选出了优良品种，徐香品种就是徐州果园从引种的苗木中选出的。

二、产业发展

1978年由中国农业科学院郑州果树研究所牵头成立了全国猕猴桃科研协作组，动员相关省(自治区、直辖市)的农、林、科研、供销等单位开展猕猴桃资源调查工作。至1995年9月，由该所崔致学教授共主持召开过9次会议交流经验等，才基本摸清了全国的猕猴桃资源和产量，并选出了许多优良单株。这是由多个政府相关部门，众多科研人员参与并历时多年的结果，具有重要意义。该成果获得了农业部1990年科学技术进步二等奖，国家1991年科技进步三等奖。期间，1980年农业部资助3万元在河南省西峡县陈阳乡陈阳村建立了国内第一个猕猴桃栽培基地(33.35公顷)。此外，轻工业部食品局针对猕猴桃果实加工产品质量及产品多样化也召开了技术协作会。1982年12月，国家科学技术委员会攻关局在湖南长沙针对猕猴桃攻关项目请专家开会论证，并于1983年7月召集河南、湖南、江西和陕西四省的科委参加“六五”攻关项目，成立了中华猕猴桃科学技术开发总公司，并拨款2 000万元(各省500万元)资助猕猴桃品种选育和基地建设，并由四省分别承担果汁、果酒、果粉和贮藏的研发工作。1986年11月，国家科委在湖南长沙湘江饭店召开猕猴桃“六五”科技攻关鉴评会评选优良株系并颁发了“科技开发先进个人”奖状。1987年，农业部在河南围场组建了“中华猕猴桃开发联合体”，该组织通过会议研讨的形式也有力地推动了猕猴桃生产的发展。

上述相关组织十分重视猕猴桃知识和技术的传授，在基础较好的地区(如河南省西峡县等)举办训练班，请专家讲授猕猴桃基本知识，介绍新西兰的经验；召开现场会交流总结，在面积较大的种植基地，组织种植能手在田间实地传授技术。科学工作者们也常在刊物上发表研究报告或撰写科普读物传播猕猴桃知识。

优良品种是商品生产的核心，不同地区的优良品种，如陕西周至的秦美、江西果树研究所的早鲜、湖南吉首大学的米良 1 号和中国科学院武汉植物园的金桃等，都产生了良好的品牌效应，栽培面积随之扩大，产量不断增加，流通市场随之拓展。同时，良种的发展也带动了贮藏、加工、包装和运输业的发展。至 2014 年全国猕猴桃栽培面积已达 8 万公顷，产量为 110 万吨。

第二节　猕猴桃在国外

一、驯化过程

猕猴桃的栽培管理最早是通过新西兰果农不断实践逐步改进的过程，也是由野生驯化为栽培植物的必需途径。

1. 品种选育　初期猕猴桃的市场名称十分混乱。20 世纪 50 年代，Mouat 等科学工作者通过在田间比较、描述，以生产者的名字命名，选出了艾伯特、海沃德、Allison、Bruno 和 Monty 共 5 个雌性无性系。1968 年，Fletcher 在 Terpuke 地区选出了用毛利族土名命名为 Matua 和 Tomuri 的两个雄性无性系。

2. 整形和修剪　猕猴桃生长旺盛，枝蔓常缠绕成团或堆。20 世纪 50 年代前后采用过让其攀缘的不同架式，架高不等，最高达到 2.5 米，但最终发现架高 1.8 米时产量最高，所以一直沿用至今。随后在棚架、篱架和双壁篱架等比较过程中，又发展出了“T”形棚架。这种“T”形架具有投资少，便于管理，有利于固定结果母枝，防止刮风擦伤果皮，采摘方便等优点。目前，果园都采用这种架式，现在也有改良的翅形“T”形架、双“T”形架等。

猕猴桃的经济寿命(结果树龄)较长,架材有必要选坚实的木材或金属材料,虽投资大但可使用多年。

至于藤蔓的修剪,因各地区夏季的光照强度不同而有差异。一般夏季光照强度很大时,应该少量修剪,多留枝叶预防果实灼伤。

3. 采收和分级 最早新西兰采收果实时带果梗,包装后发现猕猴桃果梗相互擦伤果皮,容易感染真菌引起病害。后来他们改用小镊子在齐果蒂处采摘,效果就很好。为了出口,大小不均匀的果实曾用手工操作分成数级,但效率很低。之后采用过鸡蛋分级机,但又不适用于不同的品种。最终 Hancock 工程师设计制造了猕猴桃分级轨道机,使不同品种分级规范,极大地提高了工效。

4. 出口的需要 猕猴桃从新西兰出口到目的地需要 7～11 天。猕猴桃第一次作为商品出口,是由 Te Puke 提供果实 12.5 吨,委托新西兰 Conaway 果树生产者联盟和农业部合作进行的。猕猴桃用含油脂的防透水纸张包盖,放在盛桃的托盘上,三层托盘相叠装入木制板条箱。但运到澳大利亚和英国时,猕猴桃已经变软而且皱缩,只好低价出售,造成很大损失。为扩大出口,进一步试验后,新西兰改用能保持湿度、防止脱水的聚乙烯纸作衬垫,托盘不重叠,而且为避免乙烯干扰,猕猴桃不能与苹果等水果放在一起贮藏。最重要的发现是出口的猕猴桃果实不能在统一日期采收,而应根据果实的成熟度采收。经试验,新西兰提出了出口猕猴桃果实含可溶性固形物浓度达到 6.2%左右时采收的建议。

二、扩大商品生产

新西兰的猕猴桃形成产业后,一些国家都从新西兰进口此类新水果,并考虑在本国也发展猕猴桃生产。

美国加州 Chico 植物引种站的 Smith,为考察猕猴桃的潜力,从新西兰进口了猕猴桃,发现其价格比他自己生产的高,却被消费者接受。当时的报纸、果树杂志报道后,农户纷纷从新西兰高价进口苗木,初使品种为四个,后来主要是雌性品种海沃德,雄性为MaTua,还有自己选育的Chico雄株。每户种植从2～3公顷发展到30～50公顷,1977年栽培面积达570公顷,至2011年发展到1 600公顷,产量为2.5万吨。

1965年,法国从新西兰引入四个品种的海沃德苗木。最早是果农Rabinal种植了30.85公顷,气候不很适应,加之病虫害防治不力,常遭失败。随后农户们在栽培中避免了早、晚霜的危害,加强管理,生产才逐渐发展。之后当地的苹果业不景气,政府鼓励猕猴桃发展,小果园商品在国内销售,成集团的大果园则拓展国外市场。1983年法国猕猴桃种植面积已发展到1 500公顷,2011年扩大到4 600公顷,产量为6.7万吨。

意大利北部的Trento地区种植猕猴桃多年,没有引起重视,至1970年才开始讨论猕猴桃作为新兴果树的问题。最先在Maggiore湖沿岸有少量种植,农户们根据当地的气候用化纤织物等保护猕猴桃主干越冬,架设尼龙网防止夏季的冰雹、高温和暴晒,并改进了修剪方法等,使商品生产的海沃德面积不断扩大。1982年为1 860公顷,2011年扩大到2 700公顷,产量为4.3万吨。

1972年日本国内已有猕猴桃小果园,但因当地柑橘种植过多,供应量超过需求,所以政府希望改种猕猴桃。1977—1978年间,日本从新西兰进口大批量海沃德苗木,至1984年已发展到2 200公顷,2011年总面积达2 700公顷,产量为3.7万吨。

希腊的猕猴桃种植面积在1990年已发展到2 960公顷,2011年生产面积达4 800公顷,产量达7.9万吨。

据资料显示,2012年新西兰、智利、意大利和世界其他地区猕猴桃的供应量已达127.2万吨(表5-1)。2014年,全世界种植面积达17万公顷,产量达256.43万吨。由此我们相信,猕猴桃的商品生产将会不断扩大。

表 5-1　2012 年世界猕猴桃种植面积和产量

	面积（公顷）	供应量（吨）			
		2010	2011	2012	2012 对 2011(%)
新西兰	13830	367162	356400	340000	－5%
智　利	13049	184540	180703	271202	22%
意大利	26000	369735	358259	340459	－5%
其他地区	—	387442	351235	370000	5%
全世界	—	1308879	1246597	1271661	2%

第六章　猕猴桃品种选育

猕猴桃品种选育,就是对野生猕猴桃资源或已有品种,根据遗传与变异的规律,将人工杂交或诱发的变异性状,进行合理的选择和利用,使品种向着人类需要的目标不断改良。从广义而言,育种还应包括良种繁育的主要环节,也就是优良品种应用于生产的全过程。

第一节　选　种

一、实生选种

猕猴桃属于异花授粉,在实生繁殖的群体内,个体变异复杂,差异很大。可选择性状优于亲本的个体进行无性繁殖,也可逐代选择,使其向着选择的方向变化,以达到选择目标,成为优良品种或品系(无性系、株系)。

猕猴桃实生选种顺序不很严格,但不少品种是经过以下顺序被命名的。

(一)报优和预选

向群体宣传选种的意义、标准及报优的奖励办法等,对被报告的优株进行现场核实,记载其主要性状,作为预选树。

(二)初　选

对预选树做果品学、产量和抗逆性等观察,积累 2～3 年资料,分析其性状是否稳定，对照选种标准确定初选树。用嫁接等无性繁殖方法培育苗木 20～30 株，作为选种圃和区域试验的实验树。用高接方法使果树提前结果，作为观察果实性状的材料。

对初选树的报优者给予报酬和奖励。

(三)复选和决选

对嫁接树、高接树、实验树和母树(初选树)的果品学，形态特征、特性和产量等积累的资料进行复核和系统整理，供群众和专业人员做综合评价，或通过鉴定会确定为推广品种，给予命名。与此同时，还要建立起能提供接穗的母树园。

二、芽变选种

猕猴桃芽的分生组织细胞发生突变，其萌发的枝条与原类型不同时称芽变。芽变可直接选育成新品种，也可作为杂交育种的新材料。芽的变异有染色体数的突变，染色体结构的重排、基因突变和核外突变等。突变常表现在叶片、果实的形态特征的变异，也表现在结果习性和抗性等生物学特性的变异。一般原有的优良品种有某些性状不足时，通过变异的芽体选择可以将性状改善，这种方法简单易行，收效较快。

选择芽变最好的时期为果实采收期，此时容易发现果实品质和成熟期的差异，且在灾害发生后容易寻找抗灾害的不定芽和萌蘖枝。

芽变选种的程序分为初选、复选和决选。

(一)初　选

常采用专业普查和群众选报相结合的方法，对初选的优系编号挂牌。选择的果实在采收后应分开放，同时需在同一生态环境中选择对比的植株。确定变异为优良性状的植株可进入选种圃，也可直接进入选种圃。如果变异不明显或不稳定，则应进行高接鉴定。为纯化变异体，可采用组织培养等方法。

(二)复　选

在选种圃对芽变系进行精确的综合鉴定，选种圃的土地要求均匀一致，每圃10～20个品系，每品系10株；也可单行小区，每行5株，重复2次。最好每株观察后建立圃内档案，对照树用原品种类型，圃地两端用授粉品种作保护行。砧木为习惯用类型，株行距可根据株型大小确定。

从结果第一年开始，连续3年对果实和其他重要经济性状与母树和对照树组织鉴评，鉴评结果记入档案。经系统整理后提出复选报告，将最优秀的材料定为入选品系，并进行多点试验做比较。

(三)决　选

提出复选报告后，应组织专业人员对入选品系鉴定决选。决选时选种单位应提供选种过程、入选品系评价和发展前途的报告、选种圃内3年果品学及农业生态学的材料、多点试验的评价以及入选品系和对照树新鲜果实各25千克。材料和实物经与会人员审定后即可由选种单位命名。新品种及其说明书可在生产上推荐。

第二节　杂交育种

杂交育种是有性杂交育种的简称，是用人工方法将两个或两个以上性状不同的类型、品种或种的配子结合获得杂种(或群体)，通过培育选择成为新品种的过程。有性杂交基因重组能产生变异很大的类型，有些类型具有双亲的优良经济性状，有的基因型能超过亲本的杂种优势，在生产上杂交育种的应用很广。猕猴桃雌雄异株，选配亲本较难，获得杂种需3～5年结果，且苗期病害较多；生长势强，需要搭架；占用土地面积和付出劳动力大等，即投资较大。另外，猕猴桃驯化栽培历史短，有关猕猴桃属各类群的特征特性、遗传学中如质量性状和数量性状的关系、遗传方式、遗传传递力以及杂种后代的遗传动态等尚缺乏研究，所以此处只做一些简要介绍。

一、杂交前的准备

（一）制订计划

包括育种目标、亲本选配、预测性状的遗传力、操作规程、记载项目等。

（二）亲本选配

选择亲和性好的优良类型作亲本，建议可选作亲本的有美味猕猴桃及其无性系，如海沃德、秦美、金香、贵长及米良1号等；中华猕猴桃及其无性系，如红阳、金桃、早鲜、金艳等；此外，还有软枣猕猴桃、紫果猕猴桃、狗枣猕猴桃、葛枣猕猴桃、毛花猕猴桃、大籽猕猴桃、阔叶猕猴桃、黑蕊猕猴桃等。

选择的亲本还应考虑优缺点性状能互补的可能性，亲本的繁殖器官的能育性和生态地理起源较远等，更利于获得杂交后的加性效应。

（三）准备杂交工具

去雄用的镊子或剪刀，贮藏花粉的培养皿和干燥器，授粉毛笔或授粉器、塑料牌、扩大镜、铅笔、70%酒精、棉花、隔离袋、绑扎材料等。

二、杂交步骤

(一)花粉采集、贮藏和测定

在优良雄性系植株上选择发育良好、将要开放的花蕾,采摘后在室内取花药于培养皿。待花药干燥开裂、花粉散出后,贴上花粉名称标签,置于盛有氯化钙或硅胶的干燥器内,并于低温和黑暗条件下保存。

选作亲本的雄性系应先做花粉萌发率的测定和杂交试验,为提高杂交授粉的可能性,可以采取正反杂交、调节亲本花期等措施来克服亲本间不亲和或亲和性不好等现象。

花粉萌发率测定的培养基由10%蔗糖、0.003%硼酸和1%琼脂配制,有的雄性系花粉在23℃～29℃条件下播粉1个多小时即可萌发,有的则需要9个多小时才萌发,个别雄性系根本不萌发。花粉萌发率在种群之间也有较大的差异,如阔叶猕猴桃为12.3%～22.2%,中华猕猴桃87.7%～95.7%,毛花猕猴桃90.1%～94.1%,长叶猕猴桃90.7%等。种群内无性系之间也有很大的变化,中华猕猴桃不同雄性系在同样条件下的萌发率为0.75%～76.9%,取当天的新鲜花粉测定,萌发率和花粉管生长的长度都可以达到最好的效果。经过4小时培养后,花粉管可长达327～442微米,毛花猕猴桃为329～525微米,长叶猕猴桃可达到389微米。花粉生长快对受精非常重要。

雄性系授粉的亲和性在选配前应做一些测试。中国农业科学院植物研究所植物园曾用中华猕猴桃种群内12个雄性系与2个选育的雌株杂交,发现这些雄性系对"61-36"雌株的亲和性不一致,分别授粉后坐果率可分散为10%～100%。其中,有4个雄性系与"61-12"雌株授粉不协调,授粉后不久子房脱落;其余8个雄性系与"61-12"授粉后坐果率为25%～59%。作为授粉雄性亲本，一定要选亲和性好的。

(二)母本花朵选择和套袋

在健壮母树上选择粗壮结果枝，将位置合适、发育良好的大花蕾套袋隔离并统计套袋花蕾数。如果母本雄蕊有一定萌发率，必须先去雄后再套袋隔离。统计花蕾数目，以便计算结实率。

(三)授粉和挂牌

当柱头出现黏液时，说明其已经发育成熟可以授粉，授粉后立即套袋隔离，防止其他花粉混杂。操作要快，并将注明有杂交亲本名称和授粉日期的牌子挂上。待雌蕊枯萎后，可除去套袋，促使幼果生长发育。

(四)杂交果实采收

杂交的果实通常较一般果实成熟晚。应稍迟采收，选配亲本是否合适，从结实率的大小可初步看出。中国科学院武汉植物研究所选配的一些组合结实率也有较大的差异(表 6-1)。同一组合的杂交果放在一起，可置于冷室待后熟(一般认为充分后熟的种子生活力较高)。

表 6-1　不同杂交组合的结实率

杂交组合	花朵数(朵)	坐果数(个)	结实率(%)
中华猕猴桃×毛花猕猴桃	319	291	91
毛花猕猴桃×中华猕猴桃	91	91	100
美味猕猴桃×毛花猕猴桃	25	24	96
毛花猕猴桃×美味猕猴桃	21	21	100
中华猕猴桃×美味猕猴桃	19	15	79

续表 6-1

杂交组合	花朵数(朵)	坐果数(个)	结实率(%)
美味猕猴桃×中华猕猴桃	36	34	94
软枣猕猴桃×毛花猕猴桃	10	10	100
对萼猕猴桃×中华猕猴桃	13	12	92
小叶猕猴桃×中华猕猴桃	9	9	100
小叶猕猴桃×毛花猕猴桃	6	6	100

(五)种子处理

种子刚取出时,附着有果肉等黏着物,这些黏着物需要充分发酵后才能冲洗干净。种子晾干后按不同组合在瓦盆内层积处理,河沙与水的比例为 10∶1。1 份种子混合 5 份湿沙,盆底、盆与盆之间都要铺填湿沙以保持湿润,同时也要防积水。层积过程要经常检查,2 个月左右满足了发芽的生理要求后即可播种。操作过程为避免混杂需做好记载。

(六)育　苗

育苗条件要求良好且均匀一致,以提高杂种实生苗的成株率。移植和定植的圃地要求土壤肥沃,团粒结构和排水条件良好。苗圃管理时注意补充营养和水分,及时防治病虫,保证苗木健壮生长,提早结果。

第三节　新品种的选育标准

果树选育优质品种的目标是多方面的。通常都考虑栽培区域品种对气候、土壤的适应性,内销和出口的需要,对病虫的抵抗力,抗寒、耐涝能力，早、中、晚熟品种搭配，加工品种和集约栽培的要求等。但猕猴桃作为果树的生产栽培历史很短，仍以选择育种为主。20 世纪末，种间杂交开始被重视，并获得了可喜的成果，其中以中国科学院武汉植物园的杂交新品种金艳最受欢迎，并进行了大规模商品生产。

选育新品种是由不同地区的单位，根据市场在不同时期的动向来选育的，难以形成统一的标准，以下所列猕猴桃标准均符合果品标准，可供参考。

一、雌株标准

(一)中国标准

第一，果型大，平均单果重 65 克以上，最大果重达 100 克以上。

第二，果形端正，大小整齐，观感美。

第三，风味好，维生素 C 含量高，每 100 克鲜果肉中至少含 100 毫克以上的维生素 C。

第四，丰产、抗逆性强。

第五，抗主要病虫害。

第六，耐贮运，货架期长。

(二)新西兰标准

第一，改善花的特性，如花芽分化和开花较多，雌、雄品种花期恰好相遇，分泌花蜜多以及具有两性花的品种。

第二，改进果实特征，如果形整齐，大小一致，光滑少毛，有吸引人的果皮并能抗风摩擦，叶绿素、维生素 C 含量高的果肉，果汁多，风味好，有香气等。

第三，早熟品种。

第四,提早进入结果年龄。

第五,抗病品种,如抗根腐病、根结线虫病以及贮藏期间的果腐病等。

第六,减少植株生长势,以节省修剪,尤其是夏季修剪的劳力。

第七,提高适应性,如抗旱、抗风、耐寒以及减少冬季对低温的影响。

(三)日本标准

第一,环境的适应性较广。

第二,果实个大、优质,两性花。

第三,果实形状和果肉美观,果心小。

第四,果皮无毛。

二、雄株标准

第一,雌、雄株花期相遇,或雄株花期早 1～2 天。

第二,雄株花多,花药发育良好,花粉量多。

第三,亲和力强,授粉受精后果实发育正常。

第四,授粉效果好,即授粉后果实大,产量高,能保持雌性的优良性状。

第四节　主要品种和无性系

一、美味猕猴桃系统

(一)雌性品种(或无性系)

1. 海沃德　由新西兰奥克兰的苗木商海沃德·赖特于 1924 年从实生苗中选育而成。

果实宽椭圆形至阔长圆形，平均单果重 80 克，最大果重 165 克；果皮绿褐色，被褐色中等长度硬毛，果肉绿色，果心较大，近白色，甜酸适度，香味浓郁，汁液中等多；可溶性固形物 12%～18%，柠檬酸 1%～1.6%，蛋白质 0.11%～1.2%，水分 80%～88%，每 100 克鲜果肉中维生素 C 含量为 48～120 毫克，还含有多种矿物质。

果实外形美观，不丰产，成熟期晚，生长势强，抗病性较差，不耐涝也不很抗寒，耐贮藏运输，货架寿命较长。海沃德已是世界有关国家的主栽品种，约占世界市场贸易额的 90%。

2. 秦美　由陕西省果树研究所和周至猕猴桃试验站于 1980 年共同选育。1986 年鉴定命名。

果实椭圆形，萼洼隆起，果皮粗糙，绿褐色，果点较密，被刺毛；平均单果重 100 克，最大果重 160 克，果肉绿色，质地细、汁液多，有香味；每 100 克鲜果肉中维生素 C 含量为 190～354 毫克，总糖 6%～15.2%，总酸约 1.6%。

结果期早，抗性较强，生长势旺盛，丰产。耐贮藏。果实成熟期为 11 月上中旬。

3. 金魁　由湖北省农业科学院果茶研究所 1981 年在竹溪 2 号播种的实生群体中选育。

果实阔椭圆形，平均单果重 100 克，最大果重 172 克，果皮黄褐色，被硬糙毛，毛易脱落，果肩微凹，果顶基本平坦，果心较大、扁形，果肉翠绿色，酸甜适度，汁液多，风味浓，具香味。可溶性固形物含量为 18.5%～21.5%，最高可达 25%，总糖约 16.24%，有机酸约 1.64%，每 100 克鲜果肉中维生素 C 含量为 120～243 毫克。果实较耐贮藏，在室温条件下可贮藏 40 天左右。

金魁生长势较强，萌芽率中等，成枝率较高，结果率高，丰产。成熟期为 10 月下旬。在平原、丘陵和亚高山地区都可种植。

4. 徐香　由江苏省徐州果园于 1975 年从中国科学院植物研

究所北京植物园赠送的海沃德实生苗中选育。1985 年繁殖并扩大试验，1990 年通过省级鉴定。

果形整齐，圆柱形，单果重 60～70 克，最大果重 137 克；果皮黄绿色，被硬刺毛，果肩平齐，果顶稍突，果皮薄，易剥离，果肉绿色，质细腻，汁液多，有香味，酸甜可口；含可溶性固形物 15.3%～19.8%，总糖约 12.1%，总酸约 1.42%，每 100 克鲜果肉中维生素 C 含量为 99.4～123 毫克。室温下可存放 30 天左右，冷库可贮藏 100 天左右，成熟期 10 月中下旬。

该品种树势较强，始果期较早，以短果枝结果为主，较丰产。徐香适应性强，在江苏北部、上海郊区、山东、河南及黄淮海地区均可种植，在碱性土壤偶有叶缘枯焦或叶片黄化现象。

5. 米良 1 号　由湖南吉首大学于 1983 年从湘西凤凰县米良乡莲台山的野生群体中选育。

该品种果实长圆柱形，单果重 85～95 克，最大果重 162 克；果形美观整齐，果顶呈乳头状，果皮棕褐色，被长茸毛，果肉黄绿色，汁液多，甜酸适度，有清香味；含可溶性固形物 15%～19%，总糖约 7.4%，有机酸约 1.25%，每 100 克鲜果肉中维生素 C 含量为 188～207 毫克。果实较耐贮藏。成熟期 10 月下旬。

米良 1 号树势健壮，萌芽率 78%左右，成枝率近 100%，结果早、丰产。抗逆性强，适应性强，目前已大面积栽培。

6. 华美 2 号　由河南省西峡猕猴桃研究所从西峡县米坪乡石门村野生猕猴桃群体中选育。1999 年 6 月通过河南省科委鉴定，命名为华美 2 号。2000 年通过河南省林木良种审定委员会审定并命名为豫猕猴桃 2 号，2002 年国家林业局审定为林木良种，改称华美 2 号。

该品种果实大，椭圆形至近圆锥形，整齐美观，黄褐色，被黄棕色硬毛，平均单果重 112 克，最大果重 205 克；果肉黄绿色，果心小，肉细汁多，甜酸适口，有香气；含可溶性固形物约 14.6%，总糖约6.9%～8.9%，总酸约1.76%，每100克鲜果肉中维生素C含量约152毫克。成熟较早，9月中旬成熟，较耐贮藏。

生长势强，枝粗叶肥，嫁接芽2年即可始花坐果。抗逆性强。已成为西峡县主栽品种。

7. 贵长 系贵州省果树研究所在贵州省紫云县野生猕猴桃群体中发现的优株，后被命名为贵长。

该品种果实长圆柱形，果皮褐色，被灰黄色长糙毛，果肩平坦，果顶微凸，平均单果重85克，最大果重120克；果肉绿色，果心较小，质细汁多，酸甜适度，有清香味；可溶性固形物约16%，总酸约1.45%，每100克鲜果肉中维生素C含量约134毫克。可鲜食和加工兼用。10月下旬至11月上旬成熟。

贵长树势强，生长旺盛，较耐旱，丰产性能好，在海拔800～1 500米的山坡、平地均可种植，适应性强。已在贵州东南等地栽培。

8. 哑特 由陕西省周至县猕猴桃试验站等单位于1983年从秦岭山区野生猕猴桃群体中选育，曾获猕猴桃生产基地"希望奖"、杨陵科技成果博览会金奖等。

哑特的果实圆柱形，果皮褐色，被棕褐色硬糙毛，果顶微凹；平均单果重87克，最大果重127克；果肉翠绿色，果心较小，汁多浓郁，香甜可口；含可溶性固形物15%～18%，总糖约11.8%，有机酸约1.53%，每100克鲜果肉中维生素C含量约189毫克。10月上旬成熟，较耐贮藏，常温下可贮藏50～60天。

生长势较强，树冠紧凑，适于密植，在秦巴山区海拔1 200米以下的山地、平原、河滩地均可种植，较耐干旱和瘠薄土壤，已推广种植。

9. 三峡1号 1984年由湖北省兴山县成人中专选育。1989年通过省级鉴定，评为优良品系。

果实短圆柱形，整齐美观，果皮褐绿色，被短茸毛，后脱落；平均单果重 110 克，最大果重 150 克；果肉翠绿色，质细嫩，汁液多，酸甜适度，具浓香；含可溶性固形物 15%以上，总糖约 7.2%，有机酸 1.15%，每 100 克鲜果肉中维生素 C 含量约 108 毫克。10 月上旬成熟，耐贮性差。

10. 红美 该品种从四川北部山区海拔 1 100 米处猕猴桃野生群体中选育，2004 年由四川省农作物品种审定委员会鉴定并命名。2001 年 1 月获农业部植物新品种保护办公室受理获品种权申请，品种编号为 20040729.5。

果实圆柱形，果顶微凸、整齐，果皮黄褐色，密被黄棕色硬毛；平均单果重 73 克，最大果重 100 克；果肉绿色，在种子外侧部分果肉为红色，横切面呈红色放射状，肉质细嫩微香，酸甜适口；含可溶性固形物约 19.4%，总糖约 12.91%，总酸约 1.37%，每 100 克鲜果肉中维生素 C 含量约 115.2 毫克。

树势健壮，花量大，以中短果枝结果为主，嫁接苗定植后第三年全部结果。3 月上旬萌芽，5 月中旬开花，10 月中旬果实成熟，12 月落叶。抗病虫力较强，对旱、涝、风的抵抗力较弱。

11. 香绿 江苏省海门市和猕猴桃服务中心于 2000 年接待日本香川县农业试验场时，由福井正夫赠送的品种。

果实倒圆柱形，果肩、果顶微凹较宽，果皮红褐色，密被短茸毛，毛不易脱落；平均单果重 85.5 克，最大果重 171.5 克；果肉翠绿色，果心 1.9 厘米×0.8 厘米，汁液多，香甜味浓；含可溶性固形物约 17.5%，总糖约 18%，总酸 1.23%，每 100 克鲜果肉中维生素 C 含量约 250 毫克。耐贮性强，室内常温下可存放 45 天左右，货架期 25～30 天。

可延长至 11 月上旬采收，鲜食和加工兼用。

12. 川猕 1 号 系四川省苍溪县农业局于 1982 年从野生猕猴桃群体中选育。1987 年命名。

果实长椭圆形，果皮棕灰色，被褐色短糙毛，果肩平坦，果顶隆起；平均单果重 75.9 克，最大果重 118 克；果肉翠绿色，果心较小，质细多汁，甜酸可口，有清香味；含可溶性固形物 14.2%，总糖约 8.4%，总酸约 1.37%，每 100 克鲜果肉中维生素 C 含量约 124 毫克，在常温下可存放 15～20 天。

树势强，嫁接苗定植后 2～3 年结果，结果期早，丰产，适应性强。

13. 翠香 系陕西省西安市猕猴桃研究所选育。2008 年通过陕西省农作物品种审定委员会审定并命名。

果实近圆形至椭圆形，平均单果重 82 克，最大果重 130 克；果形整齐美观，果面平坦，果顶微凸，果皮褐绿色，易剥离，被短褐色茸毛，果肉翠绿色，质细汁多，酸甜适度，有芳香味；含可溶性固形物约 11.6%，总糖约 5.5%，总酸约 1.3%，每 100 克鲜果肉中维生素 C 含量约 185 毫克。

在沙壤土栽培生长健壮，结果早，丰产。

14. 实美 由广西植物研究所从美味猕猴桃实生群体中选育。1995 年鉴定并命名。

果实近圆柱形或椭圆形，较整齐，果皮褐绿色，易剥离，密被长糙毛；平均单果重 100 克，最大果重 170 克；果肉黄绿色，细腻多汁，香味浓，果心小而质软，甜酸可口；含可溶性固形物约 15%，总糖约 9.47%，总酸约 0.73%，每 100 克鲜果肉中维生素 C 含量约 138 毫克。果实在常温下可存放 15 天，0℃～3℃冷库可贮藏 4～6 个月。

该品种嫁接苗定植后第二年部分结果，第四年进入盛果期，10 月上旬果实成熟。

15. 沪美 1 号 系上海市园林科学研究所周汉淇研究员在 20 世纪 90 年代初选育。

果实长圆柱形，果皮黄褐色，被糙毛，纵径 7～8.5 厘米，横径 4～4.5 厘米；平均单果重 103 克，最大果重 183 克；果肉翠绿色，肉质细嫩，酸甜适口，果心小；含可溶性固形物15%～16%，总糖约6.83%，有机酸约1.03%，每100克鲜果肉中维生素C含量约90.7毫克。降霜下雪挂在树上不落果。11月中下旬果实成熟。常温条件下可存放40～50天，冷藏可达5～6个月。

树势强，生长旺，嫁接苗定植后第三年全部结果，在海拔10～800米的平原、丘陵和山地都能种植，耐瘠薄土壤，抗病虫力强。

16. 沁香　由湖南省东山峰农场从美味猕猴桃野生群体中选育。2001年2月通过湖南省农作物品种审定委员会审定。

该品种果实近圆形或阔卵圆形，果形整齐美观，果皮浅褐色，被茸毛；单果重80～94克，最大果重158.7克；果肉绿色或翠绿色，果心小而软，肉质细嫩，汁液多，味甜微酸，风味浓，有淡香味；含可溶性固形物12.7%～17.2%，每100克鲜果肉中维生素C含量为98.7～213.4毫克。在常温条件下果实可存放18～30天，冷藏可达6个月，果实成熟期在10月上旬。

该品种喜阴凉、湿润、土壤疏松肥沃的环境，在海拔300～1 000米山区、背风向阳地段栽培最适宜。

17. 华美1号　由河南省西峡猕猴桃研究所在西峡县米坪乡野牛沟野生群体中选育。1984年通过省科委鉴定并获科技成果二等奖，1986年获林业部科技进步二等奖，1987年获国家科技进步二等奖，1999年获昆明世界园艺博览会金奖，2000年通过河南省农作物品种审定委员会审定，2001年全国猕猴桃品种鉴定暨无公害栽培会上被评为鲜食和制片的优良品种。

果实长圆柱形，密被刺长硬糙毛，纵径约7.6厘米，横径和侧径均约3.4厘米，果肩近平齐，果顶微凸；平均单果重60克，最大果重110克；果肉绿色，果心小，味酸甜可口，有微香味；含可溶性固形物约12.8%，总糖约7.43%，总酸约1.52%，每100克鲜果肉中维生素C含量约150毫克。10月下旬成熟，耐贮藏。

该品系适应性较广，生长势较强，能抗寒冷和干热，结果早，丰产、稳产。

18. 金香 系陕西省眉县园艺站、陕西省果树研究所和陕西海洋果业食品有限公司等单位，经过多年观察选育而成。2004 年 3 月通过陕西省果树品种审定委员会审定并命名。

该品种果实椭圆形，果肩基本平齐，果顶微凹，果皮深黄色，被金黄色短茸毛，形状整齐美观；平均单果重 90 克，最大果重 116 克；果肉绿色，质细多汁，酸甜适度，清香可口；含可溶性固形物约 17.3%，总糖 9.27%～12.3%，每 100 克鲜果肉中维生素 C 含量约 114 毫克。9 月中旬果实成熟，较耐贮藏，货架期可达 30 天以上。

树势强盛，早果、丰产。适应性强，较能抗黄化病和溃疡病。

19. 金硕 系湖北省农业科学院果树茶叶研究所从美味猕猴桃的实生群体中选育。2008 年通过湖北省林木品种审定，并申报了国家植物新品种保护权。

该品种果实长椭圆形，果皮黄褐色，被短茸毛，果点小而密，果顶乳头状稍凸出，果肩对称，圆形；平均单果重 120 克，果皮易剥离，果肉翠绿色，多汁，肉细腻；含可溶性固形物 15%以上，总糖约 9.22%，可滴定酸约 1.9%，每 100 克鲜果肉中维生素 C 含量约 72.48 毫克。果实 10 月上旬成熟。

树势旺盛，以中长果枝结果为主，多为单生，稀聚伞花序，抗逆性较强。

20. 皖翠 系安徽农业大学园艺系从海沃德芽变中选育，1985 年开始芽变苗在岳阳等地试种的植株结果，1993 年 9 月通过同行专家鉴定并命名。

果实扁圆柱形，其纵、横、侧径为 6.3 厘米×4.5 厘米×4.3 厘米；平均单果重 89 克，最大果重 110 克；果形整齐，果皮淡褐色，被稀疏短茸毛，果肉淡绿黄色，质细汁多，酸甜适口，香气浓郁；含可溶性固形物约 16%，总糖约 13.5%，有机酸约 1.4%，每 100 克鲜果肉中维生素 C 含量约 158 毫克。果实 9 月中旬成熟，采收后在室温下可存放 15 天，果皮薄，耐贮性较差。

该品种萌芽率约 70%，结果枝率 65%～90%，以短果枝结果为主，结果母枝能连续结果。

21. 和平 1 号 从美味猕猴桃的实生苗中选育，1997 年在全国第三届农业博览会上被认定为名优品种；2005 年通过广东省农作物品种审定委员会审定为新品种。

该品种果实圆柱形，果皮棕褐色，密被长茸毛，果肩对称，圆形，果顶乳头状凸出；平均单果重 70 克，最大果重 130 克；果肉绿色，果心中等大，淡黄色，味甜微酸，有香气；含可溶性固形物 14%～18%，还原糖约 7.72%，蔗糖约 1.25%，全糖约 8.97%，可滴定酸约 1.49%，每 100 克鲜果肉中维生素 C 含量约 135.9 毫克。果实 10 月上中旬成熟。常温下可存放 14～21 天。

萌芽率约 72.4%，花枝率约 66%，生育期为 250 天左右，丰产性强。

22. 青城 1 号 系四川省自然资源研究所等单位，于 1981 年在都江堰市青城山镇五里村的美味猕猴桃野生群体中选育。经过品种比较和栽培试验于 1990 年确定为新品种。

果实圆柱形、稍扁，果皮密被棕色硬糙毛，后熟时毛易脱落，皮亦易剥离；果形整齐，平均单果重 77 克，最大果重 125 克；果肉翠绿色，质细多汁，酸甜适度，有浓香；含可溶性固形物约 13.8%，总酸约 1.1%，每 100 克鲜果肉中维生素 C 含量约 80.5 毫克，果实较耐贮藏，常温下可贮存 15～20 天。

该品种树势强壮。萌芽率约 85%，成枝率较高，定植后第三年全部植株结果，第四年进入盛果期，株产可达 30 千克左右。

(二)雄性品种(或无性系)

1. Tomuri(叶姆利) 由新西兰 Mouat M.M 和 Fletchen

W. A. 于 1968 年对园艺和食品研究所在 Te puke 果园的雄性株系确认和命名。

该株系开花较晚，花期约 20 天，与许多雌性株系花期相遇，是海沃德主要授粉品种。

2. Matua(马图阿) 和吐姆利同时被确认和命名。该品种花期稍早，花期长 16 天左右，萌芽率约 39.6%，花枝率约 94.3%，每个开花母枝平均着花 157.7 朵。也是新西兰的主要授粉品种，1967—1971 年期间，在美国也用该品种授粉。

3. M51 该品种萌芽率约 45.6%，花枝率约 91.7%，花冠径大，花瓣多，花期长 16 天左右。每个开花母枝有花 179 朵左右，雄蕊数量多，平均为 179 条，被认为是较好的雄性系，后又选出 M56 等 M 系列的雄性系并大力推广。

4. Alpha 每株平均有花枝 56.6 个，每花枝平均有花 20.4 朵，相对花数约有 1 155 朵，其花期与海沃德相遇，是很好的授粉无性系。

5. Beta 也是海沃德的授粉无性系，该雄性每侧枝平均有花枝 63.2 个，每花枝平均有花 17.6 朵，相对花数为 1 112 朵。

(三)单性结实品种

1. 美味无籽 1 号 由湖南吉首大学等单位在湖南西部野生猕猴桃群体中选育。

果实短圆形或卵圆形，平均单果重 50 克，密被棕褐色细短茸毛。果肉黄绿色，质细嫩，酸甜适度，含可溶性固形物 5%～17%。以短果枝结果为主

栽培管理：选择 5 千米内无野生的、人工栽培的猕猴桃及柑橘类蜜源植物地段建园；用速生杨柳科植物作活支架；培育矮干紧凑圆头形树体；合理修剪，疏花疏果和肥水管理，每株藤蔓控制在 500～600 个果实。

2. 结果雄株　在新西兰 Te puke 果园种植，每年开花结果。果实长卵形，平均单果重 50 克，被褐色糙毛，果肉酸甜。

二、中华猕猴桃系统

(一)雌性品种(或无性系)

1. 金桃　系中国科学院武汉植物园于 1981 年在江西武宁县中华猕猴桃野生群体中选出的变异单系(C6)。经多年试验观察，发现该单系表现为优质、高产、耐贮藏。1997—2000 年在意大利、希腊和法国进行区域试验，发现其性状稳定，2001 年由欧盟命名为金桃，获批准并可保护品种权至 2028 年 12 月 31 日。该品种后又在美国、日本、新西兰、南非、以色列、韩国、巴西等国申请品种保护或专利。2005 年金桃通过国家林木品种审定委员会审定，其编号为“国 S-SV-AC-018-2005”。

金桃果实长圆柱形，整齐美观，果皮黄褐色，无毛，果顶稍凸，平均单果重 90 克，最大果重 160 克；果肉金黄色，果心小而软，汁多，酸甜适中；含可溶性固形物 15%～18%，总糖 7.8%～9.71%，有机酸 1.19%～1.69%，每 100 克鲜果肉中维生素 C 含量为 180～246 毫克。在常温下可放置 1 个月，4℃冷藏达 4 个月左右。

金桃树势中庸，萌芽率约 53.6%，成枝率约 92%，果枝率 66%～95%，以中、短果枝结果为主，多为单果，嫁接后第二年始果，第五年进入盛果期。

在海拔 400～1 200 米，坡度 10°～15°的丘陵、山地均可栽培。冬季需重剪更新，保持土壤湿润。雌雄比例为 5～8∶1。

2. Hort16A　系中华猕猴桃 CK-01 和 CK-15 的杂交种。1991 年由 Russel Lowe 等在 Te puke 果园中选出。

该品种果实长卵圆形，果皮黄褐色，果顶明显凸出，单果重 80～140 克；果肉黄色至金黄色，质细味甜，有芳香味；含可溶性固形物

15%～19%，干物质17%～20%，果实硬度1.2～1.4千克/厘米^2，在0℃±0.5℃条件下可贮藏12～16周，货架期3～10天。

树势强盛，萌芽率约91.6%，成枝率100%，果枝率95%～100%，果单生，以短果枝结果为主，坐果率90%以上，持续结果能力强。成熟期较海沃德早1个月。

适于大棚架栽培；可在冬季适时回缩修剪以达到更新复壮；多选留当年春梢作结果母蔓；必须重视夏季修剪以保证果园光照条件；采用条状种植雄株授粉。

3. 红阳 系四川省自然资源研究所和苍溪县农业局于1982年播种，1984年选出3 213株小苗建立育种圃，1986年从921株结果株中选出果心呈鲜红放射状、果实较大的一株，经多点区域试验，性状稳定。于1997年通过四川省农作物品种审定委员会审定并命名为红阳。

红阳果实多为长圆柱形或倒卵状；果皮绿色或绿褐色；茸毛柔软、易脱落；果顶微凹；果肉黄绿色，果心白色，沿果心呈鲜红色放射状条纹。果肉含可溶性固形物16%～19.6%，总糖8.97%～13.45%，有机酸0.11%～0.49%，每100克鲜果肉中维生素C含量为135～250毫克。肉质细嫩，口感香甜，汁液多，鲜食和加工均可，耐贮藏，采后10～15天后熟，可贮藏至翌年2月份。

生长势旺盛，萌芽率和成枝率均较高，嫁接苗定植后2～3年结果，以中、长果枝结果为主，更新能力强。在四川苍溪地区3月上旬芽萌动，4月下旬开花，9月上旬果熟。

适宜在中、低海拔，湿度较大，土壤稍偏酸性的地区，用小棚架种植。

4. 庐山香 系江西庐山植物园于1979年从江西武宁县罗溪乡坪源村海拔1 035米处的野生群体中选出。经多年观察性状稳定，1985年通过江西省农作物品种审定委员会审定，并命名为庐山香。

果实为长圆柱形，整齐美观，果点大，果皮黄褐色；平均单果重87.5克，最大果重140克；果肉淡黄色，肉质细嫩，汁多，味甜酸适度，有香气；含可溶性固形物9%～13.5%，总酸约1.48%，总糖约12.6%，每100克鲜果肉中维生素C含量为159.4～170.6毫克。

庐山香生长势强，在庐山4月上旬萌芽，4月中旬展叶，5月下旬至6月上旬为花期，10月中旬果实成熟，货架期5天左右，冷藏条件下可贮藏4个月；丰产，适于生食和加工果汁；宜在低海拔土层深厚、排水良好的地区栽培。

5. 华优 系陕西省周至县马召镇居民贺炳荣与陕西省农村科技开发中心等单位在美味猕猴桃和中华猕猴桃混杂播种的实生苗中选出，后经周至县猕猴桃试验站、西北农林科技大学园艺系等单位复选和区域试验，性状稳定，于2007年1月通过陕西省农作物品种审定委员会审定，审定号为"021-M05-2006"。

华优的果实为短圆柱形或椭圆形，稀被黄褐色短茸毛，果点密，形状美观；果肉黄色，果心小、乳白色，质细汁多，香气浓郁，口感好；含可溶性固形物约18%，总糖约10.20%，总酸约1.03%，每100克鲜果肉中维生素C含量约166毫克。在室温下后熟期15～20天，货架期30天左右，0℃冷藏可达5个月。

华优生长势旺盛，萌芽率约85.7%，花枝率约80%，花序3朵或单生，以中、长果枝结果为主，坐果率达95%，第五年进入盛果期。

栽培用大棚架或"T"形小棚架均可，花谢后10天需疏果，30～40天再疏1次，雌雄配置比例为8：1，株行距为2.5～3米×3～4米。

6. 金艳 系中国科学院武汉植物园于1984年用毛花猕猴桃和中华猕猴桃杂交的种子播种，在F_1代群体中筛选的优良单株"M"，经过比较、区域试验和鉴定选育而成，是世界上首个种间杂交并已实现产业化栽培的新品种，2008年获品种权号"CNA 20070118.5"。2010年通过国家林木品种审定委员会审定为优良品种，编号“国 SSV-AE-019-2010”。

金艳为四倍体，果实长圆柱形，果肩平齐，果顶微凹，整齐美观；单果重 101～110 克，最大果重 175 克；果皮密被短茸毛，黄褐色，果点细密，红褐色，果肉黄色，果心小、乳白色，肉质细嫩，汁液多，酸甜适宜，有香味；含可溶性固形物 14.2%～16%，总糖约 8.55%，总酸约 0.86%，每 100 克鲜果肉中维生素 C 含量约 105 毫克；硬度大，常温条件下后熟需 40 多天，货架期 15～20 天，冷藏可达 4～5 个月，硬果实可达 6～8 个月。

金艳树势强健，萌芽率 53%～67%，成枝率 95%以上，果枝率 100%，花序约占 63%，单花约占 21%。嫁接苗定植后翌年开始结果，第四年进入盛果期。3 月上旬萌芽，4 月下旬至 5 月初为花期，10 月下旬至 11 月上旬果实成熟，果实生育期较一般品种时间长。

该品种宜在海拔 400～1 000 米、坡度 10°～15°的丘陵、山地种植，大棚架和“T”形架均可，需注意疏蕾、疏花和疏果。结果母蔓要及时更新，雌雄比例为 5～8∶1，应注意预防花腐病。

7. 金丰 1979 年江西省农业科学院园艺研究所从江西省奉新县石溪乡红头山海拔 1 050 米处的野生群体中采集枝条嫁接繁殖的优株，经过初选和决选，1985 年鉴定命名为金丰，1992 年通过江西省农作物品种审定委员会审定，更名为赣猕 3 号。

金丰为四倍体，果实椭圆形，果形整齐，果肩平齐，果顶稍凸，果皮黄褐色或深褐色，密被易脱落的短茸毛；单果重 81.8～107.3 克，最大果重 163 克；形美端正，果肉黄色，果心小，质细汁多，酸甜可口，有香气；含可溶性固形物 10.5%～15%，总糖 4.92%～10.64%，柠檬酸 1.06%～1.65%，每 100 克鲜果肉中维生素 C 含量为 89.5～103 毫克。在室温条件下可存放 30 天左右，冷藏 120 天后的好果率达 98.8%，出冷库的鲜果在 24℃条件下可存放 14 天以上，说明其耐贮性好，鲜食或制片加工果汁均可。

该品种生长势强盛，萌芽率 49.4%～67%，成枝率 88%～

100%，结果枝率约90.1%。聚伞花序或单生，以中、长果枝结果为主。嫁接苗定植后2～3年始果，抗风、耐高温和干旱能力强，适应性广，10月中下旬果实成熟。

在平原、丘陵和海拔较高处均可栽培，在后者种植品质更优，大棚架和“T”形架都可以，冬季需修剪更新。

8. 杨氏金红50号 是江苏省扬州杨氏猕猴桃科学研究所于1999年用红阳和雄性13号杂交后选育，经多年观察性状稳定，遂生产栽培。

该品种果实圆柱形，整齐美观，果顶微凹，果皮浅褐色，果点浅红褐色；平均单果重104克，最大果重164克；果肉黄色，果心较大，围着果心呈红色放射状条纹。含可溶性固形物17%～21%，干物质19%～23%，在扬州地区10月中旬成熟，自然保鲜4个月，冷库贮存6个月。

本品种树势强健，单花率达80%，耐高温、干旱。抗病性和适应性较强。

9. 早鲜 系江西省农业科学院园艺研究所于1979年，在奉新和修水两县接壤的海拔630米处野生群体中选育，1980年嫁接，1985年鉴定命名，经测试性状稳定，1992年通过江西省农作物品种审定委员会审定，更名为赣猕1号。

早鲜果实圆柱形，整齐美观，果顶微凹，果皮绿褐色，密被短茸毛；单果重75～94克，最大果重150.5克；果肉绿黄色或黄色，果心较小，肉质细嫩，汁液多，酸甜可口，风味较浓，有清香味；含可溶性固形物12%～16.5%，总糖约7.02%，有机酸0.91%～1.25%，每100克鲜果肉中维生素C含量为73.5～128.8毫克。果实在常温下可存放10～20天，冷藏条件下可贮藏4个月，货架期10天左右。

该品种生长势强，萌芽率51.7%～67.8%，成枝率87.1%～100%，以短果枝和短缩果枝结果为主，多单生，坐果率在75%以上。低山地和平原均可适应，抗风和抗干旱力较差，采前有落果现象。

选择地下水位低的地段建园；需植防风林；宜用大棚架；及时摘心绑蔓，防止果实机械擦伤。

10. 翠玉 系1994年湖南溆浦县成庄湾农民报优后由湖南农学院园艺研究所采集枝条高接，经多年观察、品种比较和区域试验，于2001年通过湖南省农作物品种审定委员会审定，并命名为翠玉。

果实圆锥形或倒卵形，果顶稍凸起，果皮绿褐色，无毛；单果重85～95克，最大果重129克；果肉细嫩多汁，绿色，果心大，风味浓郁，甜度大；含可溶性固形物14.5%～17.3%，最高可达19.5%，每100克鲜果肉中维生素C含量为93～143毫克。果实在常温下可存放30天左右，低温可冷藏4～6个月。

在武汉植物园种植该品种，平均单果重81.5克，含可溶性固形物约16.2%，总糖约13.25%，总酸约1.27%，每100克鲜果肉中维生素C含量为119.2毫克。

该品种树势强健，萌芽率79.8%，成枝率100%，花多单生，果枝率约95%，主要是中、短果枝结果，坐果率95%以上。定植后第二年就能开花结果。

翠玉能在海拔400～1 200米，坡度10°～15°的山地、丘陵种植；大棚架和"T"形架均可；冬季应重度修剪更新老结果母蔓，保留1厘米以上的中庸母蔓；雌、雄株比例为5～8：1。

11. 华光2号 系河南省西峡猕猴桃研究所从西峡县阵阳乡马蹄树猕猴桃野生群体中选育。2000年通过河南省林木良种审定委员会审定，并命名为豫猕猴桃3号。

果实椭圆形，果皮无毛或稀被茸毛，黄褐色，整齐美观，果顶稍凸，果肉浅黄色至金黄色，果心小，肉质细嫩，汁液多，甜酸适口，香气浓郁；含可溶性固形物约13%，总糖约6.51%，总酸约1.24%，每100克鲜果肉中维生素C含量约116.77毫克。

该品种生长势中庸，萌芽率约95%，以中、短果枝结果为主，坐果率高，丰产性能好。

该品种适于土层深厚的沙质壤土，山地、平原都能生长良好；已在江苏、陕西推广种植，抗病能力稍差，肥水要求较高；需及时疏花疏果和摘心，合理修剪。

12. 金霞　系中国科学院武汉植物研究所于 1981 年从江西武宁县罗溪乡海拔 770 米处的野生群体中选出的优株武植 5 号。2004 年 6 月通过湖北省农作物品种审定委员会审定。2005 年 12 月获国家林业局林木品种审定委员会审定并命名为金霞。

果实大，整齐，长卵形，平均单果重 78 克，最大果重 134 克；果皮灰褐色，果肩平齐，果顶微凸，密被灰色短茸毛，果肉淡黄色，果心小，甜酸可口，汁液多，有香气；含可溶性固形物约 15%，总糖约 7.4%，每 100 克鲜果肉中维生素 C 含量为 90～110 毫克，总氨基酸约 6.03%。

金霞在武汉地区 2 月下旬树液流动，3 月上旬萌芽，3 月中旬展叶，4 月初前后现蕾，4 月中旬至下旬花期，花期可持续 10 天左右，9 月中下旬果实成熟。

13. 通山 5 号　是湖北省通山县等单位于 1980 年在通山县幕阜山海拔 554 米处东坡约 60 年生的优良母枝上剪枝繁殖。经华中农业大学和武汉植物研究所多年观察，性状稳定，在 1984 年 9 月湖北省优良品种鉴定和 1988 年 10 月全国猕猴桃优良品种鉴定时均排名第一位。

该品种长圆柱形，果灰褐色，密被短茸毛，成熟时毛易脱落，果皮光滑，果肩平齐，果顶微凹；平均单果重 90.3 克，最大果重 137.5 克；果肉绿黄色，果心中等大，酸甜适度，汁液多，有芳香味；含可溶性固形物约 15.8%，总糖约 10.16%，总酸约 1.2%，每 100 克鲜果肉中维生素 C 含量为 88～120 毫克。较耐贮藏，常温条件下可存放 40～50 天；低温条件下，利用乙烯吸收剂贮藏 5 个月，好果率达 90%以上。

该品种树势强盛，萌芽率约 54%，果枝率约 65%，坐果率 65%以上，连续结果能力较强。果实 9 月中旬成熟，较丰产稳产。

适应性较广，在北纬 29°～40°均能正常生长，抗逆性强，能抗干旱和病虫害，是鲜食和加工兼用的中熟品种。

14. 琼露 系中国农业科学院郑州果树研究所于 1978 年在河南西峡县陈阳坪乡陈阳大队龙潭沟的野生群体中选出。

果实圆柱形，果皮黄褐色，光滑；单果重 70～105 克，最大果重 130 克；果肉淡绿黄色，汁液多，酸甜可口，有微香；含总糖 6.7%～11.7%，总酸 0.6%～2.01%，每 100 克鲜果肉中维生素 C 含量为 241～318.56 毫克。

始果树龄早，则早期丰产。该品种 9 月中旬果实成熟，适于加工制品，其切片、果酱制品的维生素 C 含量均较其他品种高。适应性较广，在 pH 值 7.5 的土壤中生长也很正常。

15. 桂海 4 号 系广西植物研究所从龙胜县江底乡龙塘村海拔 800 米处的次生林野生猕猴桃群体中选育。

果实椭圆形，果皮褐色，疏被轻茸毛，平均单果重 60 克，最大果重 116 克；果肉黄绿色，酸甜可口，风味佳，有清香味；含可溶性固形物 15%～19%，总糖约 9.3%，总酸约 1.4%，每 100 克鲜果肉中维生素 C 含量为 53～58 毫克，17 种氨基酸总含量约 2.97%。

该品种在桂林雁山地区 2 月下旬至 3 月上旬萌动，3 月中下旬抽梢，3 月中旬至 4 月上旬展叶和现蕾，4 月上中旬开花，9 月上旬果实成熟，11 月下旬至 12 月落叶。

该品种适应性强，生长快，始果年龄早，极少落果，是广西的重点推广品种。

16. 金早 系中国科学院武汉植物研究所于 1980 年在武宁县罗溪乡发现的优良单株，经初选观察，性状稳定，1987 年 10 月经湖北省科委品种鉴定。“猕猴桃种质资源保存及新品种培育、推广应用”项目于 1992 年获中国农业科学院科技进步二等奖，金早为其中的新品种。

果实长卵圆形，果皮黄褐色，稀被茸毛，果实小，果顶凸出，果肩平齐，果心小，果肉黄色，质细汁多，酸甜可口，有清香味；含可溶性固形物约 13.3%，总糖约 8.5%，有机酸约 1.7%，每 100 克鲜果肉中维生素 C 含量为 107～124 毫克，氨基酸约 0.697%。

叶片半革质，雌花常单生于叶腋，以中、短果枝结果为主。在武汉地区 3 月上中旬萌芽，3 月下旬展叶，3 月底至 4 月初现蕾，4 月底至 5 月初开花，8 月中下旬果熟。果实的生长发育为 110 天左右，落叶期为 11 月下旬至 12 月中旬，是作鲜食的早熟品种。

17. 贵蜜　系贵州省果树研究所从中华猕猴桃的实生苗中选育。

果实椭圆形，端正整齐，平均单果重 82 克，最大果重 176 克；果皮褐色，果顶稍凸起，果心较大，果肉绿色，肉质细嫩，汁液多，酸甜适度味可口，有香气；含可溶性固形物约 19.93%，每 100 克鲜果肉中维生素 C 含量约 203 毫克。

该品种生长势较强；始果较早，丰产；耐高湿、高温，也耐贮藏；适合在交通方便或城市郊区发展的中熟鲜食品种。

18. 楚红　系湖南省园艺研究所于 1994 年从野生猕猴桃群体中选育，2004 年通过湖南省农作物品种审定委员会审定，并命名楚红。2005 年 3 月在湖南省农作物品种审定委员会进行品种登记。

果实长椭圆形或扁椭圆形，果皮深绿褐色，基本无毛；平均单果重 80 克，最大果重 121 克；果肉细嫩多汁，沿果心呈红色，酸甜可口，味浓郁，有香气；含可溶性固形物 16.5%左右，有机酸约 1.47%。在常温条件下可贮藏 7～10 天，15 天后开始变质，低温冷藏可贮藏 3 个月左右。

该品种生长势较强，萌芽率约 55%，成枝率 95%以上，结果枝率 85%左右，坐果率 95%以上。单花多，聚伞花序少，始果年龄早，丰产。

宜选择夏季冷凉的气候栽培；以湖南省园艺所选育的楚源 M4 或楚源 M5 作授粉树，雌雄比例为 5～8∶1；大棚架或“T”形架均可；冬季修剪时选留 1 厘米以上的粗枝条作结果母蔓，并适当短剪。

19. 建科 1 号 系福建省建宁县猕猴桃实验站 1979 年从当地猕猴桃野生群体中筛选，经多年观察培育而成，1988 年由福建省科学技术委员会组织通过品种鉴定并命名。

该品种果实为长卵形或圆柱形，果皮褐色，具棕褐色茸毛，皮薄，易剥离，果肉黄色，肉质细，汁液多，酸甜可口，香气浓；含可溶性固形物 13%～17%，总糖约 9.1%，有机酸约 1.05%，每 100 克鲜果肉中维生素 C 含量约 243.8 毫克。

该品种生长健壮，嫁接苗第二年开始结果；果实 9 月下旬至 10 月上旬成熟，室温下可存放 20 天左右，适应性强。耐旱、耐日灼，多雨高温条件下病害也少，产量比较稳定。

20. 秋魁 系浙江省园艺研究所等单位于 1979 年从浙江省龙泉市中华猕猴桃野生群体中选育。1988 年鉴定并命名。

果实短圆柱形，端正整齐，单果重 100～122 克，最大果重 195.2 克；果皮黄褐色，果顶微凹，果肩平齐或稍斜，果心较小，果肉淡黄褐色，肉细嫩多汁，酸甜可口，有清香味；含可溶性固形物 11%～15%，总糖约 7.1%，有机酸 0.91%～11%，每 100 克鲜果肉中维生素 C 含量为 100～154 毫克。果实 9 月下旬至 10 月中旬成熟，在室温条件下可存放 15～20 天，是以鲜食为主的中熟品种。

该品种树势较强，萌芽率 54.1%～64.7%，成枝率约 52%，结果枝率约 62.8%，长、中、短结果枝的比例为 16∶8∶26。花多单生，定植后第三年结果，在山地、低丘陵和平原地区都可栽培，宜密植。

21. 丰蜜晓 系江西省奉新县畜牧水产局等单位选育，2001 年 9 月该品种通过专家验收。

果实圆柱形，形状端正，美观整齐，果皮绿黄色，被棕褐色细短茸毛，果肉绿色或浅绿色，肉质细嫩，汁液丰富，甜或微酸甜，味浓厚纯正，香味浓郁；含可溶性固形物15.9％～17.45％，总糖9.1％～12.5％，总酸1.38％～1.58％，每100克鲜果肉中维生素C含量为142.9～174毫克。果实在常温下贮藏10～16天，冷藏条件可贮藏4个月，为鲜食、加工兼用品种。

该品种幼树生长势强，4年以后树势中等，萌芽率57％～63％，成枝率96.5％～100％，结果枝率89.5％～100％。本品种早果、丰产、抗性较强。

22. 金阳　原代号金阳1号。由湖北省果茶研究所选育。1982年2月在崇阳县高祝公社东山大队的野生群体中选出母株，经无性繁殖和比较观察，优良性状稳定，1987年经湖北省科学技术委员会鉴定为优良品种。

果实长圆柱形，果皮棕褐色，很薄，果点细密，果肩平齐，果顶稍凸出；平均单果重85克，最大果重135克；果心小，果肉黄色，甜酸适口，香气浓郁；含可溶性固形物15.5％左右，每100克鲜果肉中维生素C含量约93毫克。

该品种树势强盛，结果较早，丰产性强，稳定，在较高海拔、土壤疏松肥沃的地区都能生长良好，不耐瘠薄土壤，抗逆性也较差，为鲜食和加工的兼用品种。

23. 太上皇　由山东农业大学从河南省西峡猕猴桃研究所在泰安县的南上庄选育出来的株系中，经过进一步选育而成，由山东农业大学命名为太上皇。

果实长卵形，果皮淡褐黄色，平均单果重128克，最大果重288克；果肉绿黄色，肉质细嫩，汁液多，味甜微酸，口感好，有香气；9月中旬果实成熟，采后在常温下可存放20天左右。

该品种生长势强，定植后第二年开始结果，4年进入盛果期；株产达30千克，较丰产，以短果枝结果为主，能耐阴、耐干旱，无早期落果现象。夏季修剪可按9∶1的叶果比例摘心。

24. 83-01 系安徽农学院园艺系于1983年在大别山和黄山资源调查时从野生群体中选出，1987年经专家鉴定确认。

果实扁圆柱形，整齐美观，果皮淡褐色，稀被短茸毛，果肉淡绿黄色，质细嫩，汁液多；总糖约13.5%，有机酸约1.4%，每100克鲜果肉中维生素C含量约158.4毫克。果实9月中旬成熟，采后在室温下可存放15天，不耐贮运。

该品种萌芽率70%，结果枝率65%～90%，以短果枝结果为主，结果母枝能连续结果。

(二)雄性品种(或无性系)

磨山4号由中国科学院武汉植物研究所于1984年从江西武宁县中华猕猴桃野生群体中筛选培育，2006年通过国家林木品种审定委员会审定，定名为磨山4号；良种编号为“国S-SV-AC-016-2006”。

该品种生长势中等，株型紧凑，节间短，花多为聚伞花序。每序4～5花，花瓣多，花冠径大，平均每花有花药59.5枚，发芽率约75%，花期长13～21天，能与多数四倍体中华猕猴桃和早花美味猕猴桃花期相遇。初步研究表明，猕猴桃经磨山4号授粉后能提高果实品质并增加其维生素C的含量。该品种已与意大利金色猕猴桃公司达成转让协议，在28年内每繁殖1株苗木需支付0.4欧元的品种使用权。

不少单位在选育雌性优株的同时重视授粉雄性系的选育。如湖南农学院为庐山香选育出了岳3和岳9的授粉雄性系；广西植物研究所为桂海4号雌性优株选育出了M3授粉雄株。

三、软枣猕猴桃系统

该系统仅有雌性品种(或无性系)，无雄性品种。

1. 魁绿 系中国农业科学院特产研究所于1981年在吉林省

集安县榆林乡软枣猕猴桃野生群体中选育。

果实扁卵形至椭圆形，平均单果重 18 克，最大果重 32 克；果顶凸出，果肩常不对称，果皮绿色，光滑，果肉绿色，肉质细嫩，汁液多；含可溶性固形物 15%左右，总糖约 8.8%，有机酸约 1.5%，每 100 克鲜果肉中维生素 C 含量约 430 毫克，总氨基酸含量约 933.8 毫克。

该品种树势强健，结果部位多在 5～10 节，以中、短果枝结果居多。在吉林左家地区，魁绿 6 月中旬开花，9 月初果实成熟。魁绿在－38℃低温地区无冻害，抗逆性和抗病虫能力较强，丰产稳产，加工品质优良，能保持浓香风味。

该品种适宜在寒冷地区发展。

2. 8134　系中国农业科学院特产研究所从软枣猕猴桃野生群体中选育。

果实圆形，平均单果重 17.5 克，最大果重 23 克；果皮绿色，光滑，果肉深绿色，肉质细腻，汁液多，有香气；含总糖约 6.3%，总酸约 0.68%，每 100 克鲜果肉中维生素 C 含量约 76 毫克。

该品种萌芽率约 55.5%，结果枝率约 60.2%，一般在第 3～12 节的芽位上着生结果枝，在 4 月中下旬萌芽，5 月展叶，6 月中旬开花，9 月上旬果实成熟。

该品种抗寒性强，在－38℃地区栽培无冻害，抗病虫害，可鲜食或加工成饮料、果酱。

3. 清-8403　是辽宁省清原农业科学研究所在清源县英额门乡转乡湖海拔 220 米处的野生群体中选出。

果实长扁圆形或圆柱形，果皮绿色，平均单果重 12.8 克，最大果重 16.8 克，果肉淡绿色；每 100 克鲜果肉中维生素 C 含量约 454.5 毫克，含可溶性固形物约 19.27%，总酸约 1%。8 月下旬至 9 月上旬果实成熟。

4. 宽-8348　辽宁省宽甸果树服务站从宽甸县红石砬子乡雁

脖沟石山野生软枣猕猴桃群体中选出。

果实圆球形，果皮绿色、光滑，平均单果重 22.9 克，最大果重 30.8 克；果肉绿色，质脆，汁液多，有香气；每 100 克鲜果肉中维生素 C 含量约 126.89 毫克，含可溶性固形物约 18.9%，总酸约 1.36%。

5. 8401 系中国农业科学院特产研究所从野生群体中选育。

果实卵圆柱形，纵径平均 4.26 厘米，横径平均 2.83 厘米；平均单果重 19.1 克，果皮绿色，稍具浅长条纹，果肉绿色，细腻，酸甜适口；含糖量约 10.4%，有机酸约 0.98%，每 100 克鲜果肉中维生素 C 含量约 88.3 毫克。较耐贮藏，适于加工果酱、果酒和饮料。

该品种树势较强，坐果率较高，可达 90%以上，萌芽率约 56.1%，结果枝率 51.4%，以短果枝、中果枝结果居多，8 年生树株产达 11.5 千克，抗逆性强，在−38℃的地区无冻害和严重病虫害。

6. 9701 系中国农业科学院特产研究所选育。

果实圆锥形，果皮绿色，较光滑，平均单果重 17.73 克，最大果重 21.1 克；果肉深绿色，质细腻，汁液多；含总糖约 6.2%，总酸约 0.81%，每 100 克鲜果肉中维生素 C 含量约 84.8 毫克。

该品种坐果率约 95%，结果枝率约 52.5%。4 月中下旬萌芽，5 月展叶，6 月中旬开花，9 月上旬果熟。耐寒并抗病虫害。宜鲜食和加工。

四、毛花猕猴桃系统

该品种仅有雌性品种（或无性系），无雄性品种。

1. 华特 系浙江省农业科学院园艺研究所于 1997 年在浙南山区发现的优良毛花猕猴桃单株，1998 年高接后果实表现较大，经几年的子代鉴定和区域试验，于 2005 年定名。2008 年获中国植物新品种权，其编号为“CNN 20050673.0”。

果实为长圆柱形，果肩圆，果顶微凸，果皮褐绿色，密被灰白色长茸毛；单果重82～94克，最大果重132.2克；果肉绿色，肉质细腻，稍酸；含可溶性固形物约14.7%，总糖约9%，可滴定酸约1.24%，每100克鲜果肉中维生素C含量约628.3毫克。果实在常温条件可存放1个月，冷藏可贮存3个月。11月份树上未采的果实可直接食用。

该品种生长势强，聚伞花序，花3～7朵，淡红色，花冠径约5.6厘米，在浙江南部果实10月下旬成熟，5年生植株产量可达30.5千克。

该品种适宜在相同或相似生态环境的地区，如福建、浙江、广西等地推广种植，以大棚架为宜。栽植时应重施基肥和有机肥，冬季修剪要注意更新复壮，种植的株行距为3～4米×4～5米，雌、雄株比例为6～8∶1，授粉雄株为毛雄1号。

2. 沙农18号 系福建省沙县农业局茶果站于1980年从野生毛花猕猴桃群体中选出。

果实圆柱形，果皮棕褐色，密被灰白色茸毛，毛易脱落；平均单果重61克，最大果重87克；果肉绿色，果心淡黄色，味甜酸适口，微香；每100克鲜果肉中维生素C含量约813毫克，总糖约5.6%，总酸约1.88%。

该品种树势强健，在沙县3月上旬萌芽，3月下旬展叶，果实成熟10月中旬，适应性较强。

3. T-3 福建省泰宁县茶果局从泰宁县新桥乡水天大队海拔1 450米处的野生毛花猕猴桃群体中选出。

果实圆柱形，均匀美观，果皮棕褐色，密被浅灰色茸毛，果实成熟时茸毛从果蒂处到果顶逐渐脱落；平均单果重16.6克，最大果重30克，果肉绿色，每100克鲜果肉中维生素C含量约1 379.84毫克，可溶性固形物约6.8%，总酸约2.7%。

五、远缘杂交品种(或无性系)

1. 江山娇 系中国科学院武汉植物研究所于1985年从杂交实生苗中选育。2007年获湖北省林木品种审定委员会审定，作为观赏兼食用的雌性品种。

该品种果实扁圆形，果肩平齐，果顶凸出，果皮深褐色，果肉翠绿色，果点多，褐色，明显突出；每100克鲜果肉中维生素C含量约814毫克，可溶性固形物6%～14%，总糖约10.08%，有机酸约1.1%。

该品种花为玫瑰红色，花冠径约4.5厘米，花瓣6～8枚，每年开花5次，花期7～10天，最长20天。生长势强，种植后1年半即可开花。

2. 超红 2007年12月由湖北省林木品种审定委员会审定为观赏雄性品种，由中国科学院武汉植物研究所选育。

该品种聚伞花序，有花5～11朵，花瓣5～10枚，花冠径约4.8厘米，玫瑰红色，花药多，味芳香。在1年中可开花4次以上，花量大，花粉多，是很好的蜜源植物。

3. 重瓣 系中国科学院武汉植物研究所从种间杂交播种的实生苗中选育。

该品种花瓣10枚左右，呈2～3轮排列，以粉红色为主，或红白相间；花瓣大，有开张或微开等姿态。果实较小，每果有种子46～81粒，果肉翠绿色，肉质细嫩，口感好，每100克鲜果肉中维生素C含量约735毫克。

该品种株型紧凑，节间短，叶片小，可作观赏兼食用的盆景品种。

4. 满天星 系中国科学院武汉植物研究所种间杂交培育的雄性品种。

该品种1987年首次开花，花瓣大，粉红色，花期长达14天。

短缩花枝约占 78%，中花枝占 20%左右，每花序有花 3 朵，每次开花母枝有花 60 朵左右，在花期显得艳丽繁茂。

该品种生长势强，花枝较短，叶片浓绿有光泽，开花季节似繁星闪耀，十分壮观，可作庭院垂直绿化优良品种。

5. 科植 1 号　系中国科学院植物研究所北京植物园用美味猕猴桃和软枣猕猴桃杂交获得的杂种。

果实圆柱形，果皮绿色，光滑，偶有果锈；单果重 45.5～50.6 克；果肉绿色，风味浓，有香气，汁液多，种子少；含可溶性固形物 16%～19%，可滴定酸 2.11%～3.38%，每 100 克鲜果肉中维生素 C 含量为 122.5～146.8 毫克。果实在 9 月上旬成熟，耐贮性较差，可作鲜食和加工。

第七章　猕猴桃苗木繁育

我国猕猴桃产业发展很快，生产面积和产量已分别达到世界总面积和总产量的前茅。但猕猴桃苗木的商品生产，尚不能满足市场需要。猕猴桃为雌雄异体，苗期的营养器官很难鉴别雌雄，在生产和销售过程中也容易造成品种和性别的混杂。现有品种及其相配的砧木都有一定的地域适应性，笔者曾两次参加猕猴桃苗木标准化草案的讨论，但至今尚未见到广泛实施。苗木是猕猴桃生产的基础，为保证苗木的质量，应该重视以下几个问题。

第一，立法保护育种者培育的品种专利权，确保品种的专利。

第二，推广适宜不同气候和土壤条件的雌、雄性品种。

第三，指定能生产优质、无病虫害的企业或农户生产苗木。完善销售和运输苗木的制度。

第四，制定苗木质量的标准和等级。

第一节　育苗品种的选择

我国地域辽阔，地形复杂，各地的气候和土壤条件差异很大，选育的猕猴桃品种大多能适应当地的自然环境，也就是苗木应有的地域性。如果使用与当地环境差异较大的引入品种，会因其适应性差导致树体生长发育不良，不能达到合格的苗木标准。所以，选择育苗品种，应考虑适应当地气候和土壤条件的优良品种以及亲和性、抗病虫力强的砧木。

要根据市场需要选择育苗品种。苗木生产从属于猕猴桃产业的发展，而后者又从属于市场的需求，苗木生产的周期较长，投入的资金要在销售后才能获得，即投入和收入不能同步。另外，在销售和运输过程，也会有苗木损伤，从发展生产和经济效益考虑，首先应该进行调查研究，对猕猴桃早、中、晚熟品种，生食和加工品种以及内销和出口品种需求进行市场预测，为制定猕猴桃苗木繁殖计划作参考。

新西兰、意大利等国，已把猕猴桃苗木繁育作为重要产业。大苗圃生产的苗木有25%～30%供应本国使用，70%～75%作出口外销。在需求苗木的20多个国家中，日本和韩国是最大的销售市场。有的农户喜欢繁育自用苗木，多余的才在市场出售。

第二节 选地和区划

一、选地原则

（一）位 置

苗圃地应选在猕猴桃生产园附近，交通方便，能源供应有保证，行人、车辆和牲畜干扰较少的地方。发生过严重病虫害的地区，或者有工厂污染的环境都不宜建设苗圃。

（二）地 形

苗圃要求地势开阔平坦，便于养护管理和机械操作，坡度1°～3°的缓坡也可选用。坡度较大的地段，可修筑梯田育苗。洼地、沼泽地、河滩地、裸露的山坡、荫蔽的林缘空地以及风口谷地均不宜作苗圃用地。

（三）土 壤

选择土层深厚40厘米左右，团粒结构良好的沙质壤土作苗圃最好。火山灰土、轻度黏质壤土也可以。要求土壤疏松，透气、透水性能良好，有利于微生物活动。另外，还要求排水和灌溉水能渗透均匀，地表径流减少，能保持土壤水分和肥力，能保证根系生长发育。疏松土壤对幼芽出土、苗木挖掘、松土除草都比较容易。

黏土地的透气和透水性能差，不易排水，地表板结龟裂；沙土地的淋洗作用大，不易保持肥水，经常遭受干旱和日灼危害，二者均不宜于选作苗圃。

(四)水　源

苗木的生长发育必须有充足的水分，所以苗圃要在靠近河流、湖泊、水库或池塘等水源附近设置，以便引水灌溉。水源缺乏的地方，也必须有人工打井，方便提水灌溉。灌溉水为淡水，含盐率不得超过0.1%，地下水位应在1.5～2米。

二、土地区划

苗圃地需要区划，目的是为了合理布局，充分用地，便于生产管理。区划前先要测量并绘制出一张平面图，再做好生产用地和辅助用地的规划。

(一)生产用地

生产用地的面积根据育苗的任务确定。苗木依地形和坡向，常采用南北方向排列，使苗木能够受到均匀的光照条件。生产用地再细划分出播种区、营养繁殖区、移苗区和大苗区等。

营养繁殖区主要培育用于嫁接、扦插或压条等方法繁殖的小苗。当播种的实生苗和营养器官繁殖的苗木逐步长大，在原圃地因拥挤而影响苗木的生长发育时，应移植到移苗区，以扩大其营养面积。大苗区是将移苗区的苗木再次移栽，以扩大其株行距，进一步培育成符合出圃规格的大苗。这些苗木可以直接定植在猕猴桃生产园。大苗区面积较大，应该设在出圃停车、运输方便的地段。

(二)辅助用地

苗木生产,需要一定的辅助用地,内容包括道路系统、灌溉系统、排水系统、防护林带,以及办公、仓库、车库、食堂等的建筑区域。

1. 道路系统　道路设置要科学合理,车辆、机具运行的干道稍宽一些,生产操作的小道不能占地太多。道路的布局应结合灌溉、排水系统以及防护林带综合考虑。

2. 灌溉系统　地面水的温度较高、质量好,用于灌溉有利苗木生长,但容易被污染的水质不能用于灌溉。井水和泉水等地下水的温度较低,应通过蓄水池贮存,待温度提高后使用。

用于灌溉的地面渠道虽然简便、投资少,但占地较大,也很费水,灌溉后渠道容易损坏,需要经常维修。水泥和砖结构的暗管引水,投资较大,维护困难,很少应用。引水灌溉的渠道可分主要渠道和分支渠道,前者底宽 30 厘米,深度 50 厘米,后者则分别为 20 厘米和 30 厘米。大的苗圃可再设三级渠道。渠道的设置要与道路配合,常呈垂直方向,以 0.1%～0.4%的坡度为宜。

现代化的苗圃都用喷灌或滴灌方法培育苗木,小苗用滴灌或喷雾,大苗用喷灌。这种灌溉方法需购置配套设施,一次性投资较高,但省水、省力,基本不占土地,建议大力提倡。

三、整地做床(畦)

(一)整　地

土地高低不平,需要翻耕平整。耕地最好在秋季,土壤翻耕后经过冬季日晒,更有利于风化和养分分解,以及提高土温和蓄水保墒。但在多风或干旱地区,尤其是沙土化土壤严重的地区,应在早春解冻后翻耕,以便减少水分蒸发。

耕地深度应根据需要确定。播种区和移苗区的深度为 20 厘米左右;扦插、压条区域为 25 厘米左右;大苗区根系充分发育,深度为 30～40 厘米。

翻耕前将腐熟的有机肥撒入土地。为杀死蝼蛄等虫卵和幼虫,可在肥料中混拌 5%辛硫磷颗粒剂,1 000 千克有机肥中拌入 250 克药剂即可。播种的苗床可用 1%～3%硫酸亚铁溶液喷洒。

(二)耙　地

耙碎土坷垃和地面表层土壤,清除石块根茬,使土壤细匀、地面平整。耙地一般在秋耕后进行。土壤湿度太大时,不宜立即耙地。

(三)镇　压

目的是减少水分蒸发,有利保墒,干旱土壤播种前都要镇压。黏土或过湿土壤,应在湿度适宜时进行镇压。

(四)做　床

苗床的长度常根据地形确定,宽度则以灌溉、排水、中耕等操作方便为准则。苗床可分为高床、低床和平床。

1. 高床　能在侧面引水灌溉,排水良好,保持稍高的土壤温度。在多雨和寒冷地区采用较多。床面应高出步道 15～20 厘米,床宽 60～100 厘米,步道宽 50 厘米左右。

2. 低床　适用于雨量少、水源缺乏的干旱地区。床面低于步道约 20 厘米,床宽 1.5 米,步道宽 40～60 厘米。低床灌溉方便,保墒效果较好。

3. 平床　土壤含水量和排水条件都好。平床不需要经常灌溉,床面略高于步道。

育苗任务大的企业或农户,都在机械操作的大田育苗。虽需投资购买机具,但工作效率高。大田育苗行距大,通风透光好,苗木质量高。

第三节　繁育方法

一、有性繁育

用种子产生下一代的方式称有性繁育，也称种子繁殖。

（一）种子采集

选择无病虫危害、发育良好的壮年藤蔓为母株，采下果型大而端正的猕猴桃成熟果实，放置在常温下待后熟。熟透的果实剥皮后在容器中用力搓揉，再用清水冲洗，去除杂质，最后将沉淀的种子取出，摊平阴干。干种子装入纸袋、布袋或塑料袋，置于干燥、凉爽的透风处，或在3℃～5℃冰箱中贮藏。

规模大的苗圃，可将后熟果实放入缸等大容器中用棍捣碎，然后冲洗，最后将沉淀种子取出阴干。

（二）种子处理

1. 层积处理　将种子与湿沙子按1∶15～20的比例混合，湿度以手捏成团松手即散为度。用瓦盆或木箱，在底层铺5厘米厚的湿沙，其上放一层混有河沙的种子，上面再放一层5厘米厚的湿沙，然后将容器放入深60厘米、宽80厘米、长度不限的地沟中，上面铺盖稻草，其上加一层潮湿的沙质壤土（或园土），并将一小捆高粱秆插入沟底，以利通气。地沟要选择地势较高背阴的地方，若种子数量大，可直接用类似方法在地沟层积处理，并在一定的间隔插入高粱秆通气。

层积处理是人为创造类似自然环境，使种子通过休眠，提高发芽率的一种手段，处理时间长短要根据当地的气候条件进行。据了解，洛阳地区为30～70天，浙江杭州为55～75天，北京地区约需120天。层积时需要经常检查种子发芽情况，在种皮破裂露白、刚见胚根时播种最适时。胚根过长，播种时容易折断。

2. 变温处理 模拟昼夜温差和光照的自然条件。浙江省农业科学院园艺研究所用中华猕猴桃种子和含水量20%的湿沙混合，在露地自然变温和室内控制变温(5℃放置8小时后转为0℃放置16小时，不断循环)交替处理，95天后做发芽试验，结果显示自然变温的发芽率为98.5%，控制变温的为74%，后者发芽始期较前者早43天。用海沃德种子在6℃条件下层积处理12天，将这些种子再变温处理(16小时24℃±1℃和22 000勒光照，晚间6℃放置冰箱)经8天变温，与未处理种子做对照，试验结果为层积后变温处理的发芽率为96%，仅层积处理的发芽率为51%，未处理的发芽率为12%。

3. 生长调节剂处理 用赤霉素(GA_3)500毫克/升溶液浸泡海沃德种子5分钟，或用赤霉素250毫克/升溶液浸泡24小时，发芽率分别达到65.5%和59%。海沃德种子用赤霉素处理不仅可以打破种子的休眠，还能促进细胞分裂，促进胚轴细胞生长和子叶伸展，但子叶颜色较淡；而层积处理或变温处理的子叶颜色深，幼苗的根系长。为避免化学药剂对遗传性状的影响，一般不宜用化学药剂如生长素等处理种子。

(三)播　种

先将苗床浇透水，在床面湿润时播种。播种方式有条播和撒播。撒播即将混有湿沙的种子均匀撒于床面，在上面盖一层细土，铺上稻草，保持湿润。条播要先开沟，宽沟10厘米左右，窄沟4～5厘米，深度为4厘米左右，长度不限。将混有湿沙的种子撒在条沟内，盖上细土，其上再盖稻草。病虫害严重地区，在播种前要进行土壤消毒。

种子用量因发芽率的不确定性差异很大，影响发芽的因素有遗传性、种子质量、处理方法等。所以，在播种前应先做种子发芽试验。试验方法是在底部放有滤纸（滤纸稍加水湿润）的培养皿中置放整齐排列的种子100粒，保持种子湿润，做3个重复。滤纸将培养皿放入25℃～28℃恒温箱内，每天观察发芽种子的数量。发芽率的计算公式为：

$$X(\%)=\frac{b}{a}\times 100$$

式中，X为种子的发芽率，a为供试验种子数，b表示发芽的种子数。

因为实验室的发芽条件较田间好，所以在田间的种子用量应该多一些。据广西植物研究所报道，京梨猕猴桃发芽率最高；中华猕猴桃、中越猕猴桃、绿果猕猴桃次之；狗枣猕猴桃、葛枣猕猴桃、革叶猕猴桃、密花猕猴桃的发芽率比较低。质量好的软枣猕猴桃种子千粒重为1.51～2克，其播种的成苗率达90%；种子千粒重为1.2克的软枣猕猴桃发芽率只有4.75%。也有报道称中华猕猴桃和美味猕猴桃的播种量为3～5克/米^2；华南猕猴桃和美丽猕猴桃为0.3～0.5克/米^2；大籽猕猴桃需10～14克/米^2。为确保成苗数量，计算合理的播种量很有必要。

（四）苗期管理

1. 遮阴　猕猴桃苗期喜半阴环境，幼苗出土约50%时，因其呼吸强度增加，应减少稻草覆盖以利通气透光；出土80%以上时，稻草应全部撤去，改用荫棚遮阴，避免阳光直射。晴天应盖上苇帘，在阴天和早晚的光线弱时，可揭开苇帘。

2. 浇水　幼苗出土后生长迅速，呼吸和蒸腾作用逐步加强，需经常浇水保持土壤湿润。干旱季节3～5天浇1次水，阳畦和盆播小苗，几乎每天都要喷水，且给水要小而慢，防止大水冲刷伤害幼苗。生长后期(约为9月中下旬)可逐渐减少浇水到完全停止，以利增强幼苗组织抗寒力。水过多时要及时排水。

3. 施肥 幼苗期常将肥料和水混合灌溉。藤蔓生长对肥料要求逐渐增加，幼苗10厘米左右喷洒0.1%～0.13%尿素；或结合浇水加入腐熟人粪尿，约2周1次；或在离幼苗根部15厘米处开沟5～10厘米，将化肥撒在沟内用土埋严，即沟施，随即浇水。幼苗长至30厘米后要控制施肥，以免徒长。

4. 中耕除草 浇水后土壤湿润，要及时中耕松土，注意除杂草时连根拔除。劳力不足的地区可在行间用黑色聚乙烯塑料薄膜覆盖，或用除草剂防杂草丛生。

5. 间苗补苗 为保证幼苗足够的营养面积，要进行间苗。第一次间苗保留株距2～4厘米、行距5～6厘米；第二次间苗保持株距5～6厘米、行距8～10厘米。间苗前需浇水，间苗时尽量去除病弱幼苗。如果间掉的苗很健壮，则应将其带土坨移植到缺苗的行间，并立即浇水遮阴保证其成活。间苗、补苗应在阴天进行。

6. 移植 幼苗有3～5片真叶时可进行移植，移植前浇水，带土坨起苗。移植圃要深翻并施入三元复合肥或腐熟农家肥，耙土整平；移植苗株距8～10厘米、行距15～20厘米。为使幼苗主茎通直向上生长，每株移植苗旁边可插入约2米高的竹竿，将苗的主茎按一定距离松松地捆绑在竹竿上。移苗最好在3月下旬至4月中旬，选择阴天或半阴天进行，切忌刮大风或大晴天移植。

幼苗移植时，根系会受到伤害，吸收水分和养分的能力减弱，很容易引起幼苗萎蔫甚至死亡，所以在移植后必须立即浇1次透水，然后每隔2～3天浇1次水，连续浇3次，3周后会逐渐缓苗，以后浇水间隔可长一些。当幼苗枝梢生长、新叶发生，进入旺盛生长时，应施用稀薄人粪尿或化肥，促其茎粗达1厘米左右时，即可作为砧木嫁接。

二、无性繁育

(一)嫁接育苗

嫁接育苗的主要优点:能保持品种特性;受砧木影响,苗木具有抗病虫和抗逆能力;能提早开花结果;繁殖率高。

嫁接成活的简要原理是由于接穗和砧木的形成层被割伤的表面产生了内源激素,刺激形成层细胞分裂和生长,形成了活的薄壁细胞,这类细胞对伤口有愈合作用,故又称愈伤组织。二者的愈伤组织相互融合后会形成新的形成层、韧皮部和木质部,导管和筛管对营养和水分能有效运输,促使嫁接成功,获得新的个体。

1. 砧木和接穗 选择与接穗亲和力好、根系发达、生长势强、能抵抗病虫和不良环境的品种作砧木。不同类群的实生苗作砧木,会有变异,最好使用其优良的无性系,以保持品种的纯度。新西兰主要用勃鲁诺的无性系或实生苗嫁接海沃德品种,亲和力和生长势都很好。大面积生产的苗木主要用嫁接苗。中华猕猴桃和美味猕猴桃的砧木多数为同类群的实生苗。软枣猕猴桃常用当年播种的实生苗或扦插苗作砧木。砧木对接穗有一定的影响,有报道称中华猕猴桃和美味猕猴桃嫁接在长叶猕猴桃砧木上,可增强耐旱性;软枣猕猴桃作砧木能提高抗寒力;大籽猕猴桃作砧木则会有矮化现象。据卢开椿等(1986)试验,用中华猕猴桃的龙井一号品系作接穗,以中华、毛花、阔叶、葛枣和异色5种猕猴桃实生苗为砧木,均有较好的亲和力,表现为萌芽力高、新梢生长量大;而用海沃德作接穗,嫁接在上述5种猕猴桃砧木上,其萌芽力、新梢生长等均较差。

优良的品种、品系,都可以作接穗。在品种纯正、健壮的藤蔓上,选择生长充实、芽眼饱满的一年生发育枝作接穗。采集时将品种名称、雌雄性别用标签写清楚,挂在捆绑好的接穗上。为减少接穗水分蒸发，可剪去其叶片，只留下叶柄，用湿毛巾包好，保持接穗新鲜状态。若用冬季修剪下来的枝条作接穗，应把枝条的剪口涂蜡保护，分别按品种、品系和雌雄性别挂上标签，捆好后沙藏或窖藏。需要邮寄或运输时，都应用潮湿的苔藓、纸、布或毛巾将接穗包好，外面再包一层塑料薄膜，装入木箱邮寄。数量多的话，用湿麻袋片捆绑后用小筐或木箱包装运寄。

2. 嫁接用具 嫁接需要特殊的工具和用品，主要有芽接刀、切接刀、劈刀、枝剪、手锯、磨刀石、塑料薄膜、塑料条、塑料袋、马兰、麻绳等。

刀具和手锯等要锋利，不锋利的刀具会使削面不平，造成接穗和砧木接触不好，影响伤口愈合，操作效率也低。

选用新的塑料薄膜做塑料条，有弹性，拉力强；老化的旧塑料的弹性和拉力都差，捆绑时容易拉断。嫁接前根据砧木直径大小剪成宽 1～1.5 厘米、长 20～30 厘米的塑料条，作芽接接口捆绑用。枝接用的塑料条宽度为砧木直径的 1.5～2 倍，长度为 40～50 厘米，可以捆包较大的接口。砧木直径超过 4 厘米时，最好用塑料口袋，操作完后马上套袋并用塑料条将接穗和砧木接口绑紧，固定塑料袋口；或先绑紧接口，再用塑料袋套上并固定袋口。

3. 嫁接方法 猕猴桃嫁接较其他果树困难，主要是伤流严重，切口容易失水；枝茎纤维多而粗，髓部大，切削面不容易光滑；芽座大，芽垫厚，与砧木切面难于贴紧。目前，应用较多的主要有以下几种方法。

(1)“T”形芽接 又称盾形芽接。选光滑枝条上饱满带叶柄的芽，在芽下方 1～2 厘米处向上斜削，稍带木质部至芽上面 0.5～1 厘米处横切一刀，捏住叶柄基部轻轻移动取下芽片。也可在芽的上方 0.5～1 厘米处横切一刀，以芽为中心，在横切口两侧呈微弧形向下切割皮层，使其成为 2～2.5 厘米的盾形，然后取下芽片。在砧木离地面 5～8 厘米处，无瘢痕的光滑地方，横切长 0.5～1 厘米的切口，再从横切口中央向下纵切1.5～2.5厘米，形成"T"形切口。

操作时用芽接刀尖轻轻拨开"T"形上面切口的树皮，手持叶柄将芽片下端向下推动插入切口，芽片上端与砧木横切口齐平。然后用塑料薄膜条绑紧，叶柄和芽露在外面不捆绑，要注意横切口，不能使结合处错位。

嫁接时间应根据各地气候安排，通常在6月上旬至8月上旬期间进行(图7-1 a)。

(2)嵌芽接　也称镶接、芽片腹接。先在接穗芽的下方1～2厘米处，呈45°斜削至接穗周径2/5处，再从芽的上方1厘米处带木质部向下纵削，与向上的切口相交，取下2～3厘米长的芽片。在砧木离地面5～10厘米高的光滑面，按切削芽片同样的方法削出比芽片稍大的切面，将芽片镶入砧木切口，两者的切口都要接合对齐，再用薄膜条绑紧，仅露出芽和叶柄。

嵌芽接在春季和秋季生长季节都可进行。

(3)腹接　选择与砧木径粗相似的枝条作接穗，在其中段(枝条上、下段都不宜作接穗)选取1个芽，从芽的背面或侧面削成长3～4厘米，深度以刚至木质部为宜；在削口对面的下端，呈50°短斜面切断，在芽的上端1.5厘米处平剪，形成2～3.5厘米长的接穗。砧木距离地面10～15厘米平滑面处，从上而下切削，削面略长于接穗，深度与接穗相同的地方，切去外皮2/3后，将接穗插入，使接穗和砧木两侧的形成层贴紧，或至少有一侧的形成层对齐，再用薄膜条捆扎即可，这种方法在春、夏、秋生长季均可采用。

(4)切接　接穗枝上部留2～3个芽，下端削成2～2.5厘米长的斜面，对侧削成0.3厘米短斜面。距地面3～5厘米处，将砧木枝干剪截，剪口削平后用切接刀在距木质部外缘0.2厘米处，向下直切至长、宽与接穗相等，然后将接穗插入砧木切口内，二者的形成层要对齐贴紧，再用薄膜条捆绑接口，用湿润细沙把接口和接穗埋严。

切接操作时，接穗上口应先蜡封，塑料薄膜条应宽一些，适于春季进行(图 7-1b)。

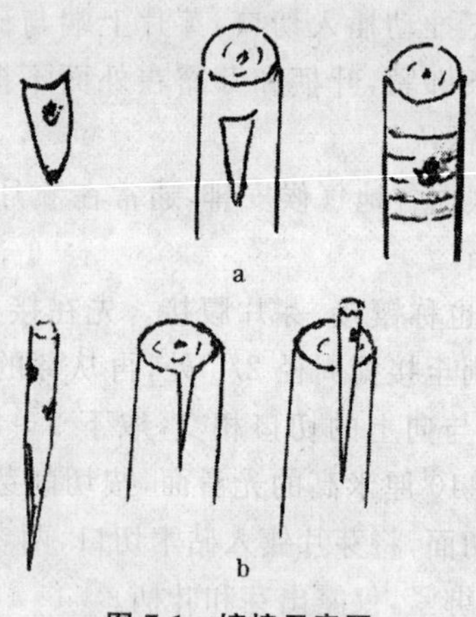

图 7-1　嫁接示意图

a.“T”形芽接　b. 切接

(5)舌接　要求接穗和砧木的粗度相似。接穗上部留 2～3 个芽，穗端上口蜡封，下端斜削 5～6 厘米，在斜面上部 1/3 处直削深约 2 厘米，砧木剪截后也斜削 5～6 厘米长，在斜面上部 1/3 处也直削深约 2 厘米，将接穗的长、短斜面交互插入砧木，二者的切口面贴合，形成层连接后用宽塑料薄膜带捆紧结合处。这种方法可以把砧木挖起在室内操作，不仅能提高工作效率，而且成活率很高。嫁接苗在冬季嫁接后埋于潮湿沙土中，春季再移栽到苗圃。

(6)根接　入冬前或冬季挖取 1～3 厘米粗的猕猴桃根，剪截成 10～12 厘米长的根段，埋于潮湿沙中备用；选与根粗相似的接穗，切削和操作方法与腹接、切接相同。捆绑后将接穗苗斜埋在苗圃地，芽眼露在地面，浇足水后上面盖草保湿。必须经常检查苗圃，保持苗圃湿润，待苗萌芽展叶时，可将覆盖的稻草揭除。

根接方法很普遍,可在冬季进行。不同时期根接对成活率和幼苗早期生长都有影响,经试验认为12月份的根接效果较好。

4. 嫁接苗的管理

(1)解除捆绑物　芽接的苗木,需在芽接后10天左右检查一下,叶柄容易脱落者,说明已经成活,再经过3～4周就可去除捆绑的塑料带。枝接苗木一般在新芽萌发并长至2～3厘米时去除。塑料带解除过早,接口尚未愈合好,嫁接苗容易枯萎死亡;解绑太晚,接口受到束缚,造成粗细不匀,刮风时容易劈裂。

(2)剪砧　腹接苗成活后要立即剪砧,剪口离接穗约4厘米。夏季接穗成活后,可先折砧以利用上面叶片制造的养分供根系发育,然后再剪截;也可分2次剪砧,第一次留几片老叶,待接穗萌芽展叶,再在接穗上方4～5厘米处剪截。秋季嫁接后应在翌年早春伤流前剪砧,以防新梢受冻而影响成苗。

(3)抹芽　及时抹除砧木上的萌芽,保护接穗上芽的萌发和展叶,以创造良好的光照条件。

(4)撤除覆土　枝接苗嫁接后30～35天即可成活,若覆土不厚,接穗顶芽会自行出土,但也需将顶部覆土扒除;覆土很厚时则可分数次扒除。未成活的苗在覆土扒除后,砧木会发生萌蘖,需再补接。去除覆土时切勿损伤幼芽。

(5)立支柱　猕猴桃接穗抽生的嫩枝,木质化程度低,容易被风刮断,在接穗萌芽抽梢后,需用竹竿或树枝等插在旁边作支柱,并将枝梢捆绑在支柱上。

(6)摘心　幼苗高约60厘米时适当摘心,可以促进组织充实和加粗生长。

(二)扦插育苗

扦插育苗的优点是能保持母体的遗传特性;成苗率高,苗木整齐;开花结果早;可以大规模商品生产。缺点是容易携带母体病菌;设施复杂,投资较大。

影响扦插育苗成活的主要因素:①母体遗传性的影响,不同类群、无性系,甚至同一个体的不同器官和部位都有遗传性差异;②环境影响;③插条贮藏和运输不当的影响。

1. 环境因素

(1)温度　猕猴桃插穗生根的适宜温度为25℃左右,萌芽温度为15℃～20℃。因为硬枝扦插的地下部分会形成愈伤组织,所以,应该保持扦插床20℃～30℃的恒温。

(2)湿度　插穗基质要经常保持湿润,持水量为60%左右,水分太多,基部容易腐烂,水分不足不利于形成愈伤组织。萌芽展叶后温度应稍高一些,空气相对湿度保持90%～95%。硬枝扦插的空气相对湿度为85%左右。

(3)光照　插穗需要一定的遮阴,以免阳光直射。扦插初期遮光度为60%～70%,生根展叶后,逐步增加光照强度和光照时间,加强叶片光合作用制造营养物质。

(4)空气　插穗需要进行呼吸作用,新鲜空气对愈伤组织形成、不定根发生和生长都很重要。如果通气不够,插穗在呼吸过程中不能获得必要的能量和足够的二氧化碳,会导致生根不良,甚至死亡。

(5)植物生长调节剂应用　用植物生长调节剂浸泡或速蘸,有利于根原基形成,提高发根率。

2. 插床和基质　插床种类很多,可分为温床和冷床(阳畦)两大类。冷床利用自然温度,面积要根据繁殖数量而定,一般宽1.8米,长4米,前壁高30厘米,后壁高50厘米。在温暖地区,常在露地做畦或做垄直接扦插。气温低的地区或在冬季则采取硬枝扦插,插床底部需要加温。加温常用电热加温和生物热能加温。

(1)电热加温　根据电热线的功率确定温床面积,1 000瓦的电热线可铺设大约10米^{2}面积。先在床底铺15厘米厚的卵石、松针叶或稻草等作隔热层,在其上面铺填3～4厘米厚的沙子,然后放置电热线。电热线要事先用铅丝网来回缠绕固定，缠绕间隔15～20厘米，靠旁边的距离稍密一些。多余的电线切勿剪断，而是将其捆绕成束后绑在一端。将电热线与可调变压器上的输出键连接，再把导电温度表的导线接在继电器的输入键上（图7-2）。将导电表温度调至20℃～25℃刻度上，可调变压器至180伏，再把继电器与220伏电源接通。在电热线逐渐加温后，必须再一次调整适合的电压，以免电压过高，温度不断上升，导致电热线的塑料包皮熔解。电压不足时，则不能达到理想的温度。在电热线上面再铺上12～15厘米厚的基质，才能进行扦插。为防止漏电，这种温床必须经常检查。在安装、使用和检查电热温床过程中，必须有电学专业知识的人员指导，以确保人身安全。

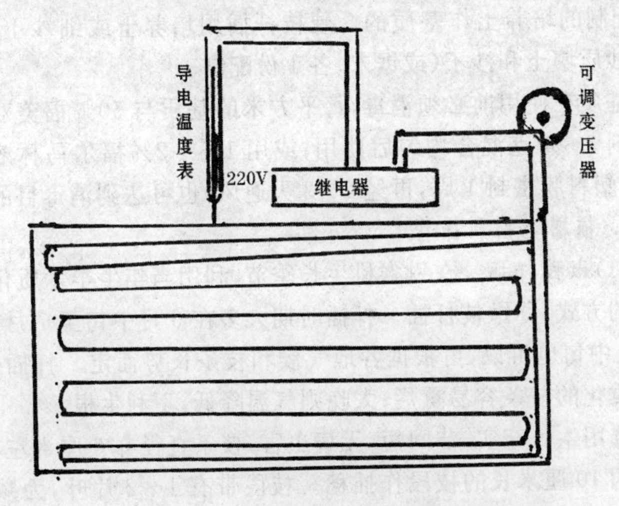

图7-2　电热温床平面示意图

（2）生物热能加温　在温床底部铺填30～40厘米厚的新鲜马粪，使之发酵产生热能，在其上再铺上15～20厘米厚的基质即可。

组培苗过渡到露地栽植前或者培育珍稀濒危材料时，也有使用容器培育苗木的。优点是能带土坨,甚至连同纸、塑料容器一起移植,不伤根系,缓苗快,成活率高,也便于管理;缺点是投资费用较高。容器可选择能在土壤中分解的塑料钵,底部设有排水孔;或是用牛皮纸或旧报纸折叠制成,透气性好,但不结实的纸袋;或是透气性好,可重复使用,但容易破碎,搬运不便的瓦盆。种子繁育常用的规格为直径 5～6 厘米,高 8～10 厘米;扦插苗用的规格应稍大一些。

容器的营养面积小,幼苗的肥水管理应根据幼苗生长势和气候灵活掌握。

扦插育苗的基质应选疏松通气、排水良好的材料。绿枝扦插常用过筛的干净河沙、蛭石、珍珠岩或泥炭;也有用园土和沙子各 1 份配制的培养土作基质的。硬枝扦插用培养土或细沙土,培养土用沙质壤土和沙子(或锯末)各 1 份配制。

基质在使用前必须消毒,每平方米的基质与 50%福美双可湿性粉剂 3～4 克混合均匀后使用;或用 1%～2%福尔马林溶液消毒,用塑料膜密封 1 周,再经 2～3 天通风,也可达到消毒目的。

3. 插穗类别和操作

(1)嫩枝扦插　在猕猴桃生长季节,利用当年生半木质化枝条扦插的方式,称嫩枝扦插。扦插时期大多在 6 月中旬至 7 月中旬,8 月上中旬也可以,可根据各地气候和枝条长势而定。扦插过早,半木质化的枝条容易霉烂;太晚则气温降低,不利生根。

选用生长充实,节间短,无病虫害,枝条直径 0.6 厘米左右,剪截为约 10 厘米长的枝段作插穗。枝段带有 1～2 片叶,为减少蒸发,将叶片剪去 1/2～3/4,下端齐节在腋芽对侧斜面削平,即可扦插。为提高生根率,常用类生长素溶液浸泡或粉剂速蘸插穗基部。据中国科学院植物研究所植物园试验,用吲哚丁酸(IBA)或萘乙酸(NAA)200 毫克/升、300 毫克/升、500 毫克/升溶液浸泡插穗基部 3 小时,生根率可达 60%～83.3%。江西省农业科学院生物资源研究所用500～2 000毫克/升吲哚丁酸溶液速蘸插穗基部30秒钟,生根率达77.1%。武汉植物研究所发现,用500毫克/升吲哚丁酸溶液速蘸插穗基部1～5秒钟,生根快,根系发达。

辽宁省农业科学院园艺研究所选用生长充实、芽眼饱满、节间短的半木质软枣猕猴桃枝段,分别用了3种类生长素1 000毫克/升溶液速蘸插穗基部5秒钟,结果是吲哚乙酸处理的生根率为76.1%～85.1%;萘乙酸(NAA)为62.5%～72.1%,吲哚丁酸为26.8%～77.3%,清水对照的为24.8%～54%。

操作前,基质浇透水、整平,然后用树枝或竹棍按7～10厘米和3～5厘米的行株距在基质上插成孔穴,插穗插入深度为其长度的2/3,插入时不要碰伤切口和皮层,插完后再浇透水,使插穗基部和基质紧密结合。插后将插床的玻璃框架或塑料床膜盖严,其上再盖上竹帘或草苫,防止阳光直射。每天浇水或用自动喷雾,防止干燥,但也不要过湿,保持相对湿度80%～90%即可;温度在25℃左右,避免30℃以上高温;注意适当遮光。插穗扦插后5天左右产生愈伤组织,20天左右生根,40天左右可移植。

(2)硬枝扦插　一般都在落叶后至翌年3月份以前进行。硬枝扦插时间在不同地区会因气候有所差异,如江苏邗江区在12月上旬,福建在翌年1月下旬至2月上旬,武汉地区在1月底至2月上旬。

优良猕猴桃植株的冬剪枝条,应选择节间短、芽眼饱满、粗度在0.4～0.8厘米的枝条,剪截成10～30厘米的枝段,缚绑成捆;枝段上端剪口涂蜡或乳胶,挂上说明有品种名称、性别、采条日期和地点等的标签;芽眼朝上,埋藏在放有湿沙或潮湿沙质壤土的地沟中,每捆枝段和两层之间间隔4～6厘米;上面覆盖20厘米厚的湿细沙或壤土。地沟较长则需每隔2米插一束秫秸,以利通风。要经常检查,保持埋条湿润,防止干枯和发霉。

从地沟中取出枝条,剪成带有2～3节、约10厘米长的插条,上部剪口涂上封蜡或乳胶，下端齐芽节平剪或稍带斜面，剪口一定要平滑。剪后速蘸生长调节剂溶液2～5秒钟，如用粉剂则要先将基部浸湿，再蘸粉剂。插穗插入深度为其长度的1/3～1/2。插前也要先按行株距20～25厘米和8～10厘米打好孔穴，硬枝扦插必须使用加底温的温床。据中国科学院武汉植物研究所试验，用吲哚丁酸5 000毫克/升溶液速蘸5秒钟，生根成活率可达到81.8%，扦插15～35天可相继产生愈伤组织，60天左右大多已生根。江苏邗江红桥农业中学用不同浓度萘乙酸速蘸2秒钟处理硬枝插条，结果表明，用3 000～5 000毫克/升溶液处理的效果最好，生根率达到90%～100%。

辽宁省农业科学院园艺研究所用软枣猕猴桃硬枝扦插，分别用吲哚乙酸(IAA)、吲哚丁酸和萘乙酸的50毫克/升、80毫克/升、100毫克/升、150毫克/升溶液浸泡12小时，并用清水处理作对照，结果表明，萘乙酸处理较对照提高生根率3～5倍；用吲哚丁酸处理的比对照提高1.5～2倍；用吲哚乙酸处理的较对照提高1～1.5倍。用上述3种植物生长调节剂的1 000毫克/升溶液速蘸5秒钟处理，均可提高生根率1.5～1.6倍。

扦插初期，气温较低，不宜浇水太多；萌芽展叶后，扦插床太干或过湿均会影响生根，应适当增加浇水，保持一定湿度。

(3)根插　将圃地或果园里优良品种的残根、野外优良植株的根系挖起，选择茎粗0.3～0.5厘米、长10厘米左右的根段，挂上有注明名称、性别等标签并绑成捆后，埋藏于有湿沙的地沟。2～3月份取出，将根插穗上端剪口削剪平滑，下端剪成斜面。斜插时，上面留0.5厘米，行株距为20厘米和10厘米；平埋深度为2～3厘米，行株距为25厘米和20厘米。插好或埋好后浇透水，用稻草、秫秸或锯末覆盖，厚度2～3厘米，上面用塑料薄膜搭成弧形棚。30天左右生根并长出不定芽，50～60天即可萌枝展叶，在萌发的株丛中选留1株健壮的小苗培育，其余的及早摘除。根据长沙农业现代化研究所试验，根插也可在露地进行，但成苗率较苗床低。

4. 扦插苗的管理

(1)水分　嫩枝扦插因保留叶片，蒸发量大，在晴天上、下午都要浇水或喷水，空气相对湿度保持95%左右。大部分插穗生根后空气相对湿度保持在85%即可，若无测定空气相对湿度的仪器，则以叶面有雾点并呈新鲜状态为准。插床在自然光照条件下，可安装自动间歇喷雾设施，根据气温调控为10～30秒钟喷雾1次，既节省劳力又能收到良好的效果。

硬枝扦插初期10天左右浇1次水，生根萌枝后5～6天浇1次，晴天2～3天浇1次，以保持基质湿润状态。

(2)温度　嫩枝扦插正值高温季节，保持25℃～28℃，超过30℃时，通过通风、喷水调节温度。硬枝扦插大部分生根后，不需再加底温。

(3)遮阴　嫩枝扦插在强光下，上午10时至下午4时，需用竹帘遮阴，阴雨天和晚上应卷起竹帘。

硬枝扦插和根插育苗，在插穗萌枝展叶后应避免阳光直射，晴天中午适当遮阴，尤其在南方地区更为重要。

(4)摘心　为减少养分消耗和水分蒸发，插穗萌芽后，保留2～3片叶片摘心，对床面落叶、腐烂插条及杂草，要及时清除。

(5)移苗　扦插苗生根后，可直接移植到圃地；也可先移至瓦盆、阳畦过渡。移苗应在阴天进行，如遇晴天强光，应注意遮阴和水分管理，一般成活率可达95%以上。

(三)离体培养育苗

为适应猕猴桃产业迅速发展的需要，一些国家已采用离体培养的方法进行规模化育苗。离体培养育苗是指在无菌条件下，将猕猴桃的茎尖、腋芽、叶片等组织培养成无病毒植株的过程。该技术虽然优点很多,但所要掌握的技术水平也较高。目前,此技术多为科研人员和较大育苗公司采用,此处不再详述。

第四节 苗木出圃

苗木质量标准和供应制度是保证猕猴桃规模化生产的主要环节。笔者曾参加过有关单位起草的苗木出圃规格的修改草案,至今尚未见到正式实施或推广。苗木分级标准不宜过细,且应考虑育苗方法的差异,因地制宜。以下介绍几种分级标准供参考。

一、分级标准

(一)新西兰分级标准

1. 甲级苗 主干离地面 5 厘米处或第一分枝处的径粗为 1 厘米以上,至少有 2 个分枝和 5 个饱满芽;根部有 3 条以上骨干根,侧须根长度为 20 厘米左右。

2. 乙级苗 主干离地面 5 厘米处的径粗 0.6～1 厘米,有 2 个分枝和 5 个饱满芽,根部具 2～3 条骨干根,侧须根长度 15 厘米左右。

3. 丙级苗 主干离地面 5 厘米处的径粗 0.4～0.6 厘米,有或无分枝,具 3 个饱满芽;根部有 2 条以上骨干根和中等数量的侧须根。

4. 等外苗 主干径粗为 0.4 厘米以下,无分枝,只有 2～3 个饱满芽,根部只有骨干根和极少侧须根,这种苗木不宜出圃。

(二)陕西省分级标准

苗木必须品种优良纯正,接穗和砧木种子必须经过检验合格,无检疫对象,生长健壮,分级标准如表 7-1 所示。

表 7-1　陕西省猕猴桃苗木规格

项　目	一级苗	二级苗
主侧根数目	4 根	3 根
主侧根长度	30 厘米以上	30 厘米以上
主侧根粗度	0.5 厘米以上	0.4 厘米以上
次侧根数目	6 根	4 根
次侧根长度	15 厘米以上	15 厘米以上
次侧根粗度	0.3 厘米以上	0.2 厘米以上
主干高度	1 米以上	80 厘米
结合处粗度	0.9 厘米以上	0.8 厘米
结合处愈合情况	完全愈合	结合处愈合为砧桩剪口 2/3

(三)浙江省试行分级标准

1. 甲级苗　主干 5 厘米高处的径粗 0.6 厘米以上，具有 5 个以上饱满芽，根系长度为 10 厘米左右。

2. 乙级苗　主干 5 厘米高处的径粗 0.4～0.6 厘米，具有 5 个以上饱满芽，根系长度 5～10 厘米。

3. 丙级苗　主干 5 厘米高处的径粗 0.4 厘米以下，具有 3 个饱满芽，侧须根数量很少。

二、起苗和包装

起苗有人工起苗和机械起苗两种类型，后者容易损伤苗株根皮，但效率高，节省劳力。春季或秋季，在无大风、干旱天气，阴天或下小雨天都可进行。若苗圃的土壤干燥，则应在起苗前 1 周浇水，使起苗时根系都带上土坨。起苗前适度修剪地上部分枝叶，要保证苗木根系的长度和根幅，必要时可适当剪根。

起苗分级、检疫后要立即用稻草、化纤编织袋、纸袋、塑料袋、麻袋、蒲包、纸箱等包装，如果根系的土坨松散使根出现裸露，最好用根蘸黏土泥浆水，使根有一层薄薄的保护层，防止失水，提高苗木活力。苗木包扎成捆后及时挂上标有名称、性别、等级注明的标签。出口的苗木需要用厚塑料口袋盛放，并用湿苔藓或潮湿木屑填充，装入纸箱或木箱，附上检疫证明书和出口许可证。

三、贮藏和运输

起苗后若能及时栽植，则其成活率会相应提高。一般情况下，苗圃和栽植的园地都有一定的距离，所以就需要贮藏苗木；秋季起苗或商品苗木，贮藏的时间会更长一些。

苗木出圃后，为减少水分蒸发，应立即假植。假植沟应事先准备好，选择地势较高、排水良好、荫蔽背风、土壤湿润的地段挖掘假植沟，根据苗木大小和数量多少决定沟的大小。通常沟深为 50 厘米左右，宽约 100 厘米，长度不限。小苗 50 株一捆，大苗单株排列，苗木背风斜放，苗干和根系用湿土壤埋好，踩实，防止干风侵袭。其上再覆盖 20 厘米厚的土壤，并经常检查，防止根部霉烂。如有条件，可以在温度 0℃±3℃、空气相对湿度为 85%～95%的低温窖中贮藏。

运输过程，尤其是远距离运输，一定要避免风吹日晒，卡车上要有帆布篷遮挡。经常检查，发现苗木干燥就要随时喷水，以保持苗木活力。苗木运到目的地后，也要选择背风的阴凉处临时假植于土壤中，使根系与土壤接触，并踩实浇水，保持苗木活力，直到苗木栽完为止。

第八章 猕猴桃园建立

猕猴桃属植物中，主要是对美味猕猴桃和中华猕猴桃的品种、无性系进行商品生产；软枣猕猴桃的产业化起步晚，规模相对也较小。本章有关果园建立和管理的内容，只叙述商业化栽培的类群。

第一节 园地选择

参考美味猕猴桃和中华猕猴桃自然分布区的气候、土壤等环境因子，结合栽培品种的生物学特性选择园地。在气候温暖湿润，年平均温度15℃～18℃，最热月约40℃，最冷月－15℃左右，≥10℃有效积温为4 500℃～5 000℃；年降水量1 000～2 000毫米，空气相对湿度75％～80％；全年日照时数2 000小时以上，无霜期180～250天；土壤深厚，疏松肥沃的壤土如森林土、冲积土、草甸土和火山灰土；土壤pH值5.5～7的地区都可以考虑建园。园址的海拔不宜过高，地下水位在1.2米以下；地势要求平坦，以朝南、东南、西南或东坡的坡向较好。如果没有合适的地段而必须在低位山地、丘陵或坡地建园时，最好选用坡度10°左右的缓坡。

选择园址必须考虑社会经济条件，要离城镇较近，交通方便。这样对鲜果运销，购置农药、肥料和机械等生产资料和管理人员的生活物品比较方便。不能在工厂、矿山附近建园。

建设园址时，最好有一个发展规划，如面积大小、生产鲜果还是兼营加工业等，规划与之相适应的投入资金和收益方面的预算，其中，投入资金的项目大体包括以下四个方面。

第一，支架所需的木材、水泥柱、铅丝和修理维护费等。

第二，猕猴桃苗木、防风林树苗及其包装运输费等。

第三，整地、种植、修剪、病虫防治、防寒等人工管理费。

第四，果棚、工具房。如果规模很大则应考虑冷库、车库和分级包装厂等附属设施费。

第二节　建　园

一、小区设计

为方便管理，需根据地形的面积划分小区，小区面积可根据实际生产状况划分，但不宜过大。地形复杂的丘陵、坡地，小区面积可适当减小，通常采用长方形划分(图 8-1)，该图示为平原建立猕猴桃园的设置，猕猴桃喜光和适当遮阴，不宜离防护林太近，否则会影响光照；又不能离防护林的距离过大，影响土地的利用。

道路系统的设置按果园的规模、运输量、运输工具等确定，还要考虑到管理的机械化程度。主干道宽度为 6～8 米，支路 3～4 米，小路 1.5～2 米。在坡地最好开设纵、横 2 条主干道。与梯田平行的路应有 0.1%～0.3%的比降。

按果园规划、小区的地形设置灌排系统，雨量充沛的地区应充分利用水资源；容易积水的地段要有排水沟预防水涝。猕猴桃怕涝，地表稍有积水，会影响根系呼吸，严重者会导致植株死亡。坡地和丘陵的灌排沟应设在道路或壕沟的内侧。干旱地区要重视蓄水、拦水，做到旱能灌水、涝能排水。

湖北省农业科学院果茶研究所根据该地区土壤黏重的特点，采取挖坑改土的办法，深挖土壤 60～80 厘米，结合施肥改良土壤，用砖石在坑下砌一条通气和灌排水相结合的暗沟。暗沟的出水口装有水闸，因暗沟流通的空气满足了根系对氧气的要求，而使其能

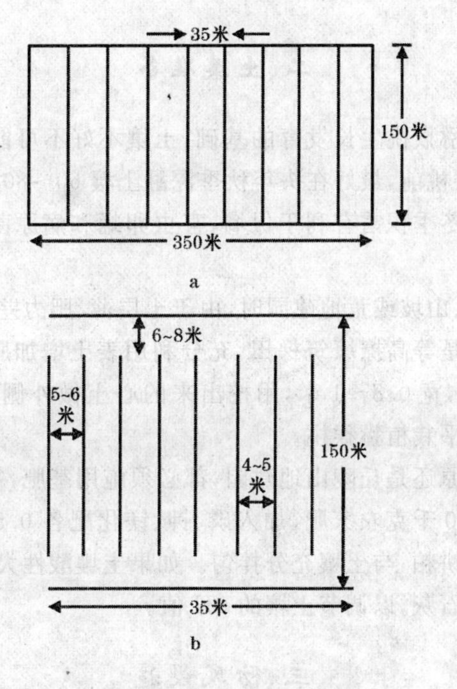

图 8-1　小区设计示意图

a. 土地规划　b. 小区设计

正常呼吸，即使在雨季渍水情况下也不会窒息致死。暗沟在水涝时可以排水，在干旱时可以灌溉，是一种多功能的设施。在黏土类地区，猕猴桃的根系大多分布在 20 厘米左右的土层，采用暗沟以后，根系可深达 40～45 厘米，在夏、秋久晴无雨、十分干旱的情况下，用暗沟灌水 3 次，仍能保证猕猴桃正常结果，收获正常。此法值得参考。

在果园内，为生产需要还必须规划出果棚、工具房、配药池、积肥坑等附属设施用地，但不要影响园容和污染环境。规模大的果园还应该有车库、冷库和分级包装厂等设施。

二、土壤准备

土壤是猕猴桃生长发育的基础，土壤不好不可能获得高额产量，种植猕猴桃前，最好在头年秋季深翻土壤60～80厘米，拣出石砾后整平。冬季积雪有利于保墒，害虫卵蛹和病原菌可在雪中冻死。

在丘陵、山坡或荒地建园时，由于土层薄、肥力差，更需要改良土壤。方法是等高撩壕筑梯田，充分利用表土增加肥力。壕沟深0.6～0.8米，宽0.8～1米，用挖出来的心土做外侧梯坎，在壕沟内用表土填平栽植猕猴桃。

无论平原还是丘陵山地建园，都必须施用基肥，每个栽培坑可施入50～100千克农家肥，加入磷、钾、镁化肥各0.5千克或者加入1.5千克饼粕，与土壤充分拌匀。如果土壤酸性大，可每穴施入约0.5千克石灰，以调节土壤的pH值。

三、防风设施

多风地区种植猕猴桃需要设置防风设施，也就是建园时在果园的迎风面营造防风林或设人造防风障。由于纬度和立地条件的差异，如北部地区的北风和西北风多，防风林可设在北面、西面或西北方向。在有效范围内，防风林至少可减少风速50%（图8-2）。防风林能提高小气候环境温度1℃～2℃，促进猕猴桃营养生长、果实发育和早熟，减少土壤水分蒸发，避免高风速对藤蔓嫩梢、花枝、叶片和果实的物理损伤。防风林应与道路、灌排系统一起考虑，列为建园的重要内容。

防风林树种的选择要因地制宜，原则是生长快，年生长高度为1～2米，树冠紧凑、根系深、寿命长、病虫害少、能耐寒或有经济价值的树种。北方采用常绿树种，中部和南部地区可与落叶和常绿

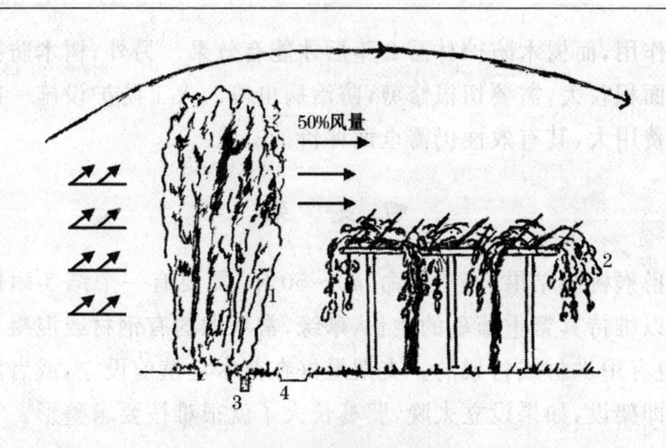

图 8-2 防护林设置

1. 防风林 2."T"形架猕猴桃 3. 排水沟 4. 道路

树种混栽，侧柏、桧柏、黑松、柳杉、竹类、杨树、柳树、白蜡、桉树、桦木、栎树、柽柳、小檗、女贞、紫穗槐、大叶黄杨、杞柳等都可以。

在猕猴桃定植前就应种植防护林。一般用两列树，靠外面的为乔木，内列为中、高灌木，交错种植，行株距以树种高度和冠幅而定，一般行距为 3～4 米，株距为 1～2 米，建成后像一道厚墙。每 3.5 米之间有一道纵向的防护林（或称折风林），防风的有效范围为树高的 10～15 倍。主林带和藤蔓之间的距离为 6～8 米，防护林与猕猴桃藤蔓的距离为 5～6 米，紧靠林带的地方要挖一条深沟，防止林木根系与猕猴桃争夺肥水，同时此沟也可作排水沟用。根据各地气温和风向的差异，也有人用一列密植的乔木作防护林。

防护林种植前也要翻耕土壤，挖坑施肥。林木成长过程中要抗旱防涝，防治病虫危害等。每年或隔年在防护林外 1.5～2 米、深 60～70 厘米处，用大型地锯锯断根系 1 次，其地上部分也应经常修剪和整理。

人工防护已在国外的新建猕猴桃园广泛应用，是用聚乙烯织物的成幅网用支柱撑起，高 2～4 米。其优点是建园当年即可起到防风作用,而树木防护林需 2 年后才能有效果。另外,树木防护林占地面积较大,需要切根修剪,防治病虫等。人工防护设施一次性投资费用大,其有效性仍需全面评价。

四、支 架

猕猴桃能结果(经济寿命)40～50 年,需要有一个结实耐用的支架以维持其繁重藤蔓的生长、攀缘,常考虑的有钢材或混凝土支柱,也有用木材或竹架的。支架最好在苗木定植前设立,或者定植后立即架设,如果设立太晚,藤蔓长大了就很难按要求整形。

(一)"T"形 架

用木材作支柱时最好进行防腐处理。支柱高 2.4 米,埋入土中 0.6 米,地面柱高 1.8 米,圆柱直径 11～15 厘米。埋在支架两端的柱子要适当长些和粗些,更利于固定。横梁用的木条长 1.5 米,宽度和厚度分别为 10 厘米和 5 厘米,也可用 1.5 米长的纵半圆柱原木。横梁中心点与支柱在靠近柱顶处,不要在支柱顶端连结。铁丝(铅丝)要有高张力,如 2.5～3.15 毫米的镀锌铁丝或 10 号铅丝。铁丝 3 条,分别系在柱顶及横梁两端。据测定,3 根平行的铁丝,每米长度的负荷量约为 10 千克。在新西兰,常用铁丝牵力计的装置来计划并调控铁丝的张力,使铁丝保持松紧适度的状态。否则,铁丝太紧了容易断裂;太松了藤蔓下垂,离地面太近会污染果实并容易感染细菌。

支架两端的牵引加固装置十分重要。有 2 种方式,即水平式加固牵引和回拉式加固牵引(图 8-3),如果没有牵引装置,架棚容易倒塌。在柱子和横梁连结的地方,应该用电镀铁皮,并用钉子固定,使架棚更结实、稳固。近年又改良和发展了降式、翼式和锚式 3 种"T"形架,原理是相似的。

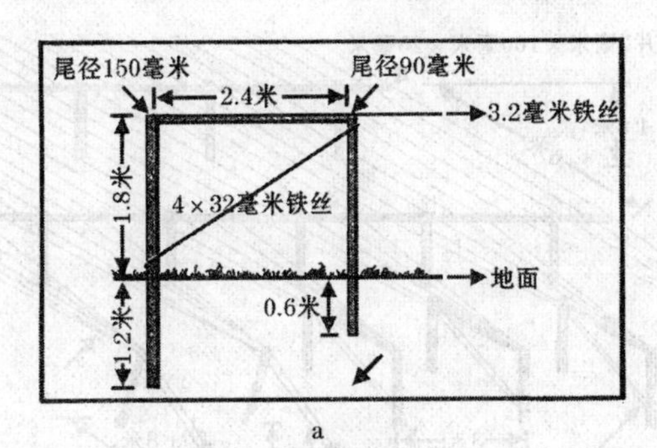

a

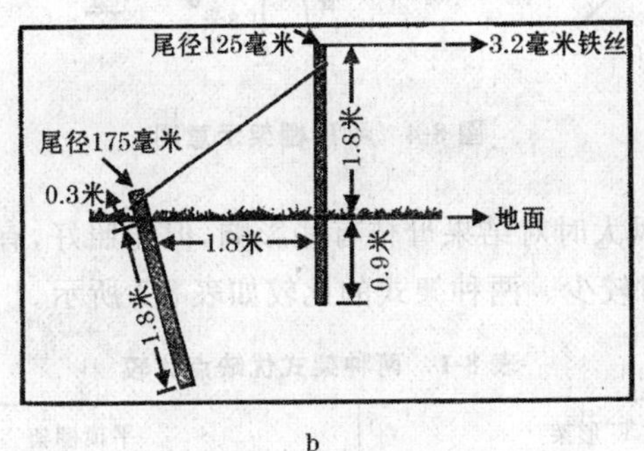

b

图 8-3　加固牵引装置

a. 水平式　b. 回拉式

(二)平顶棚架

柱子的长度为 2.7 米，圆柱直径 11～15 厘米，柱子入土深 0.9 米；棚面 6 米左右，高 1.8 米。间距 3 米立 1 根柱子，每 3 根柱子为一组，每组柱子间距 4.5 米，棚架的长度可根据需要而定。每个柱子都有用硬木或铜条做的横梁，横梁的连结固定都用电镀铁片和钉子。立柱后每间隔 60～90 厘米的距离在顶部纵向拉上铁丝即可(图 8-4)。

“T”形架和平顶棚架都适合猕猴桃的生长发育。平顶棚架投资较大，但其结构结实，能维持 40 多年，对风害的防护作用较好；

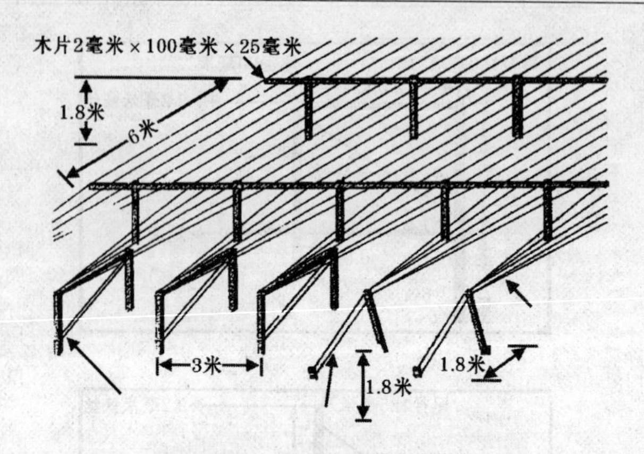

图 8-4　平顶棚架示意图

“T”形架遇风大时对结果母枝有些影响，但光照好，有利于蜜蜂授粉，投资相对较少。两种架式的比较如表 8-1 所示。

表 8-1　两种架式优缺点比较

“T”形架	平顶棚架
架材投资较少	投资较大，结构能维持 40～50 年
操作方便，耗劳力较少	风害较少
通风透光较好	行间草地长成后，刈草省工
有利于蜜蜂授粉活动	便于拖拉机耕作
葡萄球菌病害感染较少	夏季修剪时，可在荫棚下操作
结构简单，容易安装	

目前，根据猕猴桃的生长习性和当地的风害情况对“T”形架有所改良(图 8-5)。

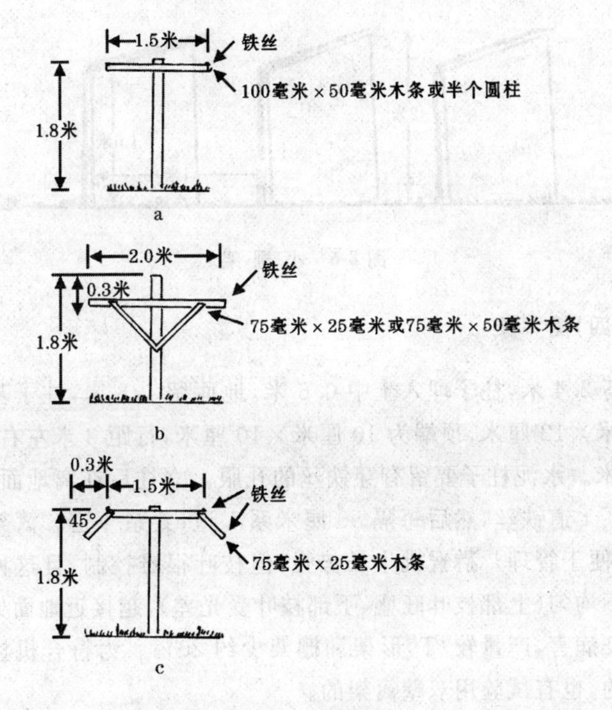

图 8-5　"T"形架

a. 直立式"T"形架　b. 降式"T"形架　c. 翅式"T"形架

(三)小棚架和弧形棚架

这两种架式可充分利用丘陵坡地,就地取材,节省投资。小棚架前柱高 1.8～2 米,后柱 1.4～1.6 米,柱高也可依地势调整,行距 4 米左右,株距 2～3 米(图 8-6),棚架不迭叠,光照和通风很好,操作方便。在意大利小棚架已用于发展软枣猕猴桃。

弧形棚架中柱高 1.8～2 米,侧柱 1.3～1.5 米,行距 4～5 米,株距 2～3 米。

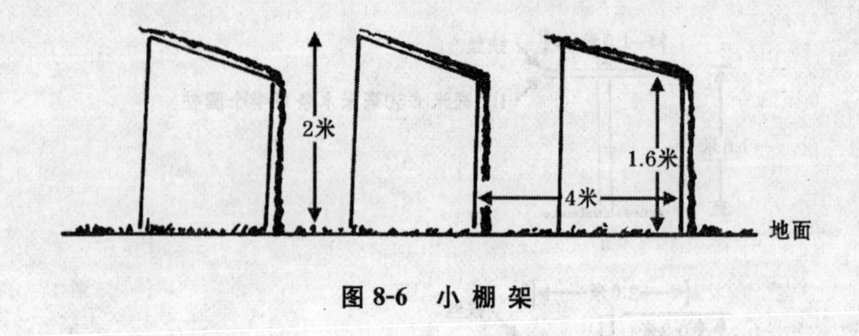

图 8-6 小棚架

(四)篱 架

高 2.4 米，柱子埋入土中 0.6 米，地面留 1.8 米，柱子基部为 12 厘米×12 厘米，顶端为 10 厘米×10 厘米，行距 3 米左右，株距 4～5 米。水泥柱子要留有穿铁丝的孔眼。立柱后在离地面 60 厘米处系 1 道铁丝，然后每隔 50 厘米系 1 道，共系 4 道。篱架能密植，也便于管理。猕猴桃生长势强，但枝叶很难控制，且这种架式受光不均匀(上部枝叶旺盛，下部枝叶受光差)，越接近地面处越容易感染病害，产量较“T”形架和棚架少约 20%。为符合机械化采收目的，也有试验用双壁篱架的。

(五)简单竹架

这种架式取材容易，投资少，管理方便，可整形成乔木状。在离地面 50～60 厘米处用 3 根短截竹竿横向固定，3 根长竹竿在顶端捆缚。

对结果期较长的猕猴桃来说，弧形架和竹架只能在家庭小果园参考应用。最近有用速生乔木作支柱和无架栽培等报道，但这些投资少的栽培模式都值得进一步研究和推广。

五、栽植品种

优良猕猴桃品种是建园的核心。目前，我国已选出了不少优良品种或株系，加上从国外引入的好品种，大致可分为4类：①中华猕猴桃系统。其果皮毛被柔软，果肉有黄褐色、淡绿色或果心中轴呈红色放射状的。该系统糖分较高，维生素C含量高低不等，成熟期较早，耐贮藏性稍差。②美味猕猴桃系统。其果实被硬糙毛，肉色翠绿或绿色，稍酸或甜酸适度，维生素C含量有高有低，成熟期较晚，耐贮藏运输。③软枣猕猴桃系统。其果实小，皮光滑，能带皮食用，味酸甜适度，维生素C含量较高，早熟，不耐贮运。④毛花猕猴桃系统。果实被毛，果肉翠绿色，味偏酸，维生素C含量高，适用于加工。有些品种缺乏严格的区域化试验，可选用当地的优良品种，因气候土壤条件适合更容易成功；注意早、中、晚品种搭配，如果以外销为主，有些单位仍需考虑海沃德品种。

中国科学院武汉植物园选育的金桃、陕西省农村科研开发中心选出的华优等品种都已申请专利，品种权已经转让（表8-2）。生产单位或个人要发展哪些品种，必须征得该品种权人的授权，否则会发生知识产权的争议，选用品种时应特别慎重，最好到诚信单位购买纯正品种的优质苗木种植。

表8-2　主要猕猴桃品种权转让

品种名称	选育单位	品种权购买方
金　桃	中国科学院武汉植物园	意大利金色猕猴桃公司
磨山四号	中国科学院武汉植物园	意大利金色猕猴桃公司
金　艳	中国科学院武汉植物园	四川中新农业科技有限公司
红　阳	四川省自然资源科学研究院	香港日昇公司
华　优	陕西省农村科技开发中心	新西兰环球园艺公司
楚　红	长沙楚源果业有限公司	新西兰环球园艺公司
金　农	湖北省农业科学院果树茶叶研究所	美国奥本大学
金　阳	湖北省农业科学院果树茶叶研究所	美国奥本大学

六、雌、雄株配置

大果园定植时可用1∶8的配比，即8个雌性品种配1个雄性品种；小果园需要雄株多一些，最好用1∶6或1∶5的比例，或在1∶8的基础上将雄株支柱提高0.3米，把横梁连成一行，雄株主蔓的走向与雌株成直角延伸到两侧的雌株藤蔓(图8-7)。也有采用1∶3的比例用于平顶棚架果园，即每2行雌株之间种1行雄株，重修剪成窄行，这样不占空间；将雄株主蔓引缚到雌株藤蔓上，使授粉效果更好。为了更充分有效地授粉，也可采用2个或2个以上的雄性品种，以增加混合授粉并延长授粉时间。

七、定　植

定植前最好有一个种植计划，"T"形架和棚架的种植稍有差异。为了增加早期猕猴桃果实产量，棚架种植时常增加雌株数量，待藤蔓充分成长、相互影响时，再将临时增加的雌株除去。

一般都在冬末或早春定植，但为减少霜害，多数在早春定植。定植前在土壤挖坑，每坑施入0.5千克有机肥，与土壤均匀混合。苗木的根系要适当修整，如果有小结节侵扰，就要在杀线虫药剂中浸泡，因药剂有毒，所以药剂配制浓度和浸泡时间应严格按说明书要求。苗木栽植深度应与在苗圃的深度相同，栽培后将周围的土壤踩紧实，在苗木距地面30厘米处剪截，然后浇水。

苗木定植后要控制杂草生长，保持土壤湿润疏松，也需要有适当的营养，避免病虫危害，应尽可能使藤蔓的主干直立生长并达到要求的高度。猕猴桃苗木易受霜冻危害，可用稻草、麦秸或聚乙烯等织物及时做好防护。

```
x  x  x  x  x  x
x  m  x  x  m  x
x  x  x  x  x  x
x  x  x  x  x  x
x  m  x  x  m  x
x  x  x  x  x  x
x  x  x  x  x  x
x  m  x  x  m  x
x  x  x  x  x  x
```

1∶8比例雄株配置

```
x  x  x  x  x
x  m  x  m  x
x  x  x  x  x
x  x  x  x  x
x  m  x  m  x
x  x  x  x  x
x  x  x  x  x
x  m  x  m  x
x  x  x  x  x
```

1∶6比例雄株配置

```
x  x  x  x  x
x  m  x  m  x
x  x  x  x  x
x  m  x  m  x
x  x  x  x  x
x  m  x  m  x
x  x  x  x  x
```

1∶5比例雄株配置

```
x  x  x  x  x
   m     m
x  x  x  x  x
   x     x
x  m  x  m  x
   x     x
x  x  x  x  x
   m     m
x  x  x  x  x
```

1∶5比例雄株配置

```
x     x     x     x
x     x     x     x
x  m  x  m  x  m  x
x  m  x  m  x  m  x
x  m  x  m  x  m  x
x  m  x  m  x  m  x
x     x     x     x
x     x     x     x
```

1∶3比例雄株配置

图 8-7　雄雌株配置

m＝雄株　x＝雌株

八、放蜂箱

猕猴桃果实大小也取决于果实内种子的数量，据资料，充分授粉的海沃德果实内，种子可达1400粒左右，出口果实的平均重量为70克，其内部的种子为525～740粒。

猕猴桃的花不易分泌花蜜，只产生干花粉，对蜜蜂缺乏吸引力。据观察，晴朗的天气，蜜蜂在早晨8时至下午6时活动，以上午9时至下午2时为授粉高峰，1只蜜蜂每小时可访问100多朵花；如果气候变化无常，就会影响授粉。据新西兰多年实践测算，每公顷猕猴桃园放置3箱蜜蜂，才能基本满足授粉的要求。

蜜蜂喜欢在阳光下活动，蜂箱要放置在防护林前向阳的一面，道路入口处、冠层很厚的棚架下都不宜放置蜂箱。果园中有10％～20％雌花和雄花开放时放入蜂箱，即可及时被蜜蜂授粉，过早或太晚，都会影响授粉。

第九章 猕猴桃园管理

猕猴桃定植以后，需要根据树体的生长发育状况，应用合理的农业技术对树体和土壤进行管理，以获得果实的良好品质和高额产量。

第一节 树体管理

一、整 形

树苗定植后，选留 1 根粗壮直立的枝蔓，在旁边插入竹竿，将绳子系在竹竿上，把枝蔓引入搭好的架棚，成为树干。树苗达 1.8～2 米高时，剪截树干，在剪口下选留 2 根位置合适的枝条，分别向两对侧方向沿铁丝捆缚，成为 2 个领导枝。领导枝上每隔 25～40 厘米培养 1 个侧枝，与领导枝呈垂直方向，并与两侧铁丝交叉捆缚，平均每个领导枝留 5 个侧枝(图 9-1)。平顶棚架需 5 年左右完成整形。“T”形架的领导枝和侧枝培养方法与平顶棚架相似，但“T”形架的侧枝超过 75 厘米，在半个架棚上延伸时，会从铁丝下悬挂直达地面。此时应在离地面 30 厘米处短截，避免受土壤污染。这种架式整形需 3～4 年。小棚架和弧形架整形比较灵活，总的原则是将侧枝和结果母蔓均匀分布在架面上。

篱架整形有扇形和水平形。扇形整形是在幼苗时留 3～5 个枝作主蔓，分别在健壮主蔓和瘦弱主蔓 50～70 厘米处、20～30 厘米处短截，每主蔓均匀选留 1～3 个枝作侧枝，主蔓和侧枝在架面

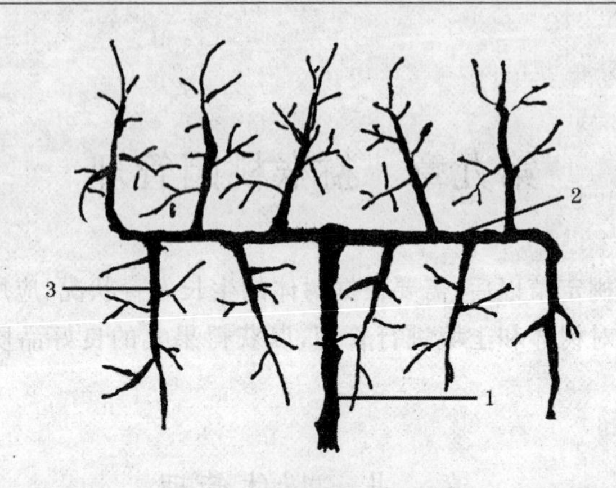

图 9-1　猕猴桃整形示意图

1. 主干　2. 领导枝　3. 侧枝

交替均匀分布即可。水平整形是将主蔓在第一和第三道铁丝上呈水平方向培养 4 个侧枝，每侧枝均匀选留 3～4 个结果母蔓，并在第二和第四道铁丝上绑缚即为水平整形。据报道，篱架较棚架和"T"形架果实产量低，后者要高 2～3 倍，有条件时最好不用篱架。

至于小棚架，笔者在意大利看到有的农户为了省材料，少量栽培时会用此架式，家庭小果园试种的软枣猕猴桃也用这种架式。至于弧形架、简单竹架或速生乔木作的活架等，对经济寿命长的猕猴桃来说只能临时使用，不适用于商品生产。

二、修　剪

修剪的目的是保持猕猴桃藤蔓的合理架构、平衡营养生长和生殖生长、更新结果母枝、防止结果部位外移、减少枝叶的营养消耗，以利通风透光、促进果实成熟、提高果实品质和产量、延长植株寿命。修剪必须根据品种的结果习性和树体的实际情况而定。

(一)夏季修剪

猕猴桃生长势很强，旺盛的新梢可达10多米长，剪截后仍可萌发副梢，如不及时修剪，则会枝繁叶茂，影响通风透光、营养积累和开花坐果。从新梢生长开始后的4个月左右都要进行修剪。夏季修剪内容很多，主要包括：选留结果母蔓的替代枝、疏剪营养枝、短截结果枝以及摘心、抹芽、摘蕾、疏花、疏果等。在结果母蔓附近，选择生长适中、芽眼饱满的枝蔓作替代枝，在合适的位置上按水平方向引缚；结果枝过长时，需在结果部位以上7～8片叶处剪截；从领导枝、结果母蔓或主干上萌发出来的营养枝（包括徒长枝），位置不合适者都可疏剪，疏剪宜早，一般在枝蔓30厘米左右时即可进行；病虫枝、缠绕的枝蔓以及“T”形架上垂挂到地面的枝蔓都要及时疏剪或短截（图9-2）。

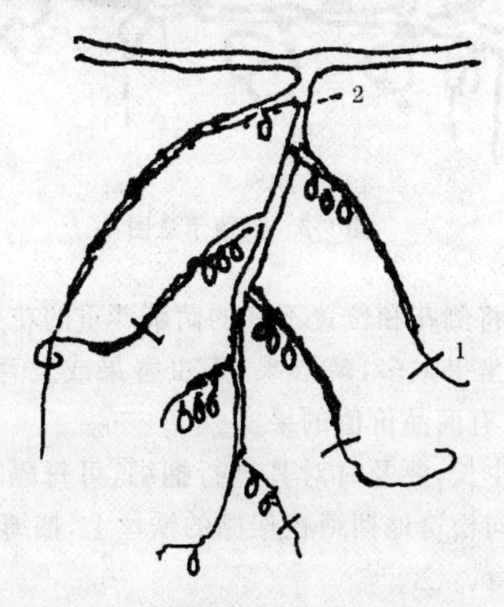

图9-2

1. 夏季修剪　2. 冬季修剪，作更新结果母技

摘疏部分器官，使营养集中供应到人们需要的部位。

1. 抹芽　猕猴桃隐芽很多，条件合适时都会萌发消耗营养，在3月中旬至4月上旬，把过密的、多余的或位置不合适的芽都要抹掉。

2. 摘心　营养枝、结果母蔓和结果枝等生长过旺者，有徒长现象时就应把顶端的枝叶摘除以抑制生长。摘心是根据枝的长短，摘除3～6片叶不等，也等于短剪；如有副梢发生，也要及时疏除。

3. 摘蕾　根据当年现蕾情况，把过多的蕾摘除，双蕾、3蕾和拥挤的花蕾都可摘去。在一个结果枝上可摘去顶端和基部的花蕾，保留中部的花蕾(图9-3)。据有关报道，摘蕾的效果比疏果更好。

图9-3　摘蕾示意图

4. 疏花　将侧花和位置不好的荫蔽严重的花朵都要疏掉。

5. 疏果　坐果太多，畸形果、病虫害果或发育不良的幼果应及早疏除，只留有商品价值的果实。

随着枝蔓生长，要及时对其进行捆绑，可每隔40～60厘米呈水平或垂直方向松垮地捆缚在架棚的铁丝上，捆缚不可太紧，太紧会影响枝蔓发育。

修剪和摘疏应根据品种的结果习性进行，有的品种以长果枝结果居多，有的品种短果枝居多。此外，也要考虑异常气候的发生，一般留花量应较留果实数多20%～30%。另外，各品种的叶果比例是不同的，猕猴桃的输导系统很发达，叶果比由整个枝蔓决定而不是受某一个枝蔓的影响。经多年观察，海沃德和蒙蒂两个品种的叶果比以 5～6 为宜，阿勃特和勃鲁诺为 4 左右。研究认为，较低的叶果比说明生产力更大，如果在 3.5 左右，枝蔓平均单果重可达到 90 克。

用单株留芽数来估计预定产量的不确定因素较多，如品种的差异、气候变化和管理水平等，其计算公式如下：

$$单株留芽量=\frac{单株预定产量(千克)}{萌芽(\%)\times果枝(\%)\times每结果母枝果实数\times平均果重(克)}$$

日本学者估计海沃德单株果实数量的方法如下（表 9-1）。

表 9-1　海沃德猕猴桃单株果实数量

领导枝	2
主　蔓	10（其中有雄株主蔓 1 个）
侧　枝	3.5（以每主蔓 3～4 个计算）
结果母枝	110（以每侧枝 4～5 个计算）
结果枝	540（以每母蔓 4～5 个计算）
结果数	1300～1500（以每果枝 2～3 个计算）

（二）冬季修剪

冬季修剪都在落叶以后，即猕猴桃藤蔓进入休眠期时进行。

结果母蔓在 2～3 年时必须及时更新，否则结果部位外移，会影响养分和水分吸收，果实品质和产量均会下降。结果母蔓的替代枝选择范围很广，树干、领导枝、营养枝（如果位置合适），芽眼饱满者都可以作替代枝，结果母蔓或替代枝之间的间隔为 25～35 厘米，长度以不与其他枝蔓缠绕或下垂地面为准，捆绑时注意与领导枝或侧枝呈垂直方向。替代枝选好后，老结果母蔓即可疏剪。每个藤蔓每年最好有 1/3 结果母蔓更新。据报道，二年生枝作替代枝较一年生枝花量多、果实大。

（三）雄株修剪

幼树的修剪和雌株差不多，但成年以后雄株生长势强，占有空间大，必须加以控制。开花末期，将花枝剪截至 50～60 厘米，冬季修剪时剪留 70～80 厘米的长度。花枝的位置最好在有阳光充足的地方，以便蜜蜂授粉。

修剪下来的病虫枝蔓、缠绕枝蔓等都要及时清理到果园外面，及时销毁。

三、授　粉

猕猴桃雌性花的花粉无生活力，必须由雄性花粉授粉，在建园时选好与雌性花花期相遇、花粉量大、萌发率高的雄性品种配置。授粉好的果实，种子发育良好，数量也多。否则，种子少，甚至不能坐果。授粉主要靠蜜蜂，风力也可以传粉。据观察，在强风下，雌花每分钟可接收 4.2～12.3 粒花粉，无风条件时只有 20%的雌花可收到花粉。

（一）蜜蜂授粉

猕猴桃雄花开放 5 天内都能释放花粉，若花粉缺少花蜜，则对蜜蜂的吸引力差。据观察，每朵雌花需 2 500 粒花粉，而蜜蜂每天只能传递 900 粒左右，需要蜜蜂重复采花才能满足要求。果园负责人和养蜂者必须及早联系，在雌、雄花开放 10%～15%时，立即把蜂箱放置在主防护林的向阳处，根据实际情况每公顷放置 3～8 箱不等。据近期研究发现，每公顷园地放置 3 箱即可，但也要根据蜜蜂的品种及其活动能力确定。

农药和除草剂都会对蜜蜂产生危害，放蜂前 1 周及放蜂期间都不能在果园喷洒农药，杂草也要清除干净，以防残留药剂危害蜜蜂。

我国的猕猴桃园尚未进行放蜂授粉的措施，也没有对传粉的蜜蜂研究，所以这项措施的有效性尚待进一步研究。

(二)机械授粉

因为蜜蜂的活动受气候影响，所以大面积猕猴桃园主要是机械授粉。

1. 花粉悬浊液授粉 雄性花刚开放时用手工或机械采摘，经过粉碎机获得花药，花药置于 25℃条件下 12 小时左右。过筛取得花粉后，立即将花粉保存在－18℃条件下待用。用硝酸钙、硼酸、羧甲基纤维素钠和藻蛋白酸钠各 0.01％和水配制成悬浊液，每升悬浊液放花粉 1～2 克，花粉在此种溶液中只能保持 1 个小时的生活力，所以必须随配制随喷洒。建议用喷雾机械喷洒，雾点更细。在雌花开放持续 2 周中，喷洒 3～4 次即可满足正常授粉。

2. 干花粉授粉 根据吸尘器的原理，一端用真空泵吸进从雄花提取的花粉，另一端将花粉撒到雌花的柱头上，这种气流授粉机效果也很好。

3. 混合花粉授粉 在日本，将取得的花粉和石松混合后进行机械喷洒，喷过的花粉柱头呈红色，不需多次重复操作。用机械、手工喷洒器或灭蚊虫器械都可以。

(三)手工授粉

先把雄花大蕾采来，剥出花药，干燥后散出花粉。用毛笔蘸上花粉，在雌花柱头轻轻涂抹；或将开放的雄花花粉对着雌花柱头轻轻摩擦。此法效果虽好，但费人工，只能在小果园中使用。

第二节 土壤管理

一、营养和肥料

猕猴桃幼苗定植后，根系向四周伸展，10 年树龄果树的根系能分布到整个果园，且深度大部分在 1 米以内。此时，根系的数量、新老根系的交替能基本达到平衡和稳定。

(一)营 养

猕猴桃各个生长发育阶段，对无机元素的吸收是不同的。幼苗期能吸收的无机元素较多(表 9-2)。据有关资料分析，从萌芽期至坐果期，氮、钾、锌、铜这 4 种元素在叶片内积累的数量为全年总量的 80%以上；磷、硫的吸收主要在春季；钙、镁、硼和锰的积累在整个生长季节基本一致。猕猴桃结果以后，钾、氮、磷等元素已逐渐从营养器官向果实转移。据分析，猕猴桃对氯的需要量很大，一般作物为 0.025%，而猕猴桃却需要 0.8%～2%，尤其在钾的含量不足时，对氯的要求更高。

表 9-2 猕猴桃幼苗期吸收的营养元素 (千克/公顷)

株 龄	氮	钾	钙	镁	磷	硫
1	11	6	9	2	1	2
2	45	40	45	8	5	8
3	116	106	107	21	14	19
4	102	115	95	16	16	17
5	141	169	161	28	19	32

一株成熟的藤蔓，地上和地下部分干重的比例约为1.8：1，进入结果期后，每年修剪和采收果实，将会从树体中损失大量无机营养，从表9-3中可看出，如果土壤中缺乏这类无机营养而不能及时补充，猕猴桃的生长发育和产量都将会受到影响。猕猴桃对无机元素失调特别敏感，如缺钾时，花腐病的发生率可高达36%，缺钾会使叶缘破碎、叶片撕裂状、落叶，从而影响果实的大小和数量。在生产实践中必须重视缺素症并加以克服。但无机元素在体内含量过高会引起中毒，造成减产和藤蔓死亡。叶片中锌的含量超过100毫克/克干物质时，就会出现幼叶、成熟叶和老叶失绿、变黄的症状；同时，老叶导管组织会有红色素出现。氮在叶片干物质中含量超过5.5%时，藤蔓生长衰弱，老叶像日灼般变为深绿色，叶片失去张力而呈柔软萎蔫，边缘卷曲状。叶分析取样的时间常在坐果以前，可每年在同一果园的同一地段，至少从20株藤蔓上，每株采集2～3片叶作分析材料，以减少误差。分析资料可作为施肥的科学依据。

表9-3　10年生猕猴桃每年损失的无机营养　（克）

无机营养元素	春季修剪	夏季修剪	冬季修剪	果　实	总　量
氮	36.40	30.90	62.70	66.20	196.20
磷	3.65	3.16	8.05	9.63	24.29
钙	28.00	20.30	38.70	13.10	100.10
镁	4.98	4.03	10.78	5.66	25.45
钾	43.90	36.80	39.70	132.70	253.10

(二)施　肥

据叶分析表明，猕猴桃需要较大量的多种营养元素，是比较贪肥的作物。只有每年施入足够的必需的肥料，才能获得高额产量，但由于各地区的土壤类型及其含有的营养元素不同，施肥量很难确定。有经验的生产者，会根据树龄、树势、品种的生物学特性和当地的气候土壤条件确定施肥量，即"估产定肥"。有一个理论计算的公式，可作参考，但在生产中一定要根据当地的具体情况而定。

$$施肥量=\frac{猕猴桃各器官吸收的元素量-土壤中营养元素的含量}{肥料利用率}$$

土壤中的营养元素含量会随着种植耕作和雨水浸蚀等原因而发生变化。新西兰等国家在建园时，对土壤都要对营养元素含量进行分析，并在以后每 3 年对土壤分析 1 次，做到心中有数，为施肥提供依据。

根据各地经验，成年猕猴桃园每年每 667 米^2 需施入厩肥、堆肥、人粪尿等农家肥料 3 000～4 000 千克、草木灰 100～150 千克、硫酸铵 20～30 千克、过磷酸钙 20～25 千克、硫酸钾 15～20 千克；也可以每藤蔓施入农家肥 50 千克，其中混入磷、钾肥各 1.5 千克。

基肥最好在猕猴桃果实采收后、落叶以前的秋末冬初，结合深翻改土进行，施入量为全年施肥量的 60%～70%。可采用沟施方法，在藤蔓周围交叉开沟，每年在对侧方向的沟内施肥，2～3 年在藤蔓周围轮施 1 遍。

第一次追肥在萌芽后、新梢生长期进行，每株施用氮肥约 1 千克；第二次在花瓣脱落、幼果开始发育时进行，用腐熟人粪尿或配合复合肥料，每株施入 1～1.5 千克。追肥常结合灌水进行。有的地区在果实成熟前还施入一次复合肥料，每株 1.5 千克。

猕猴桃施肥在有些国家已趋向标准化，其施肥会随树龄变化。不同年龄阶段的施肥应有区别，需对不同的生长发育阶段、当地的土壤养分以及叶分指标等因素综合考虑后才能确定施肥用量和施肥时期，而且需按比例施入基肥和追肥。

二、灌水和排水

猕猴桃藤蔓的许多器官都需要大量水分，有关试验表明，猕猴桃是蒸腾作用很旺盛的果树，对水分的要求与温度密切相关。猕猴桃春季缺水会抽条；夏季高温缺水会日灼；大旱后突然大雨会裂果；雨水过多不仅造成“湿脚”，还会延后果实成熟，影响其品质及贮藏。

灌水、排水系统在建园时有初步设计，但各地的土壤特性、气候变化，需结合植株生长发育灵活掌握。目前的明沟灌水和皮管灌水的用水量大，浪费水资源；串树盘浇水比较均匀，但费人工。

(一)灌 水

1. 喷灌 喷灌不需要平整土地，适用于坡地。喷灌的固定或移动设施装置一次性投资较大，喷灌设施和防病虫喷药、根外追肥、喷雾防霜害结合使用也是可行的。

2. 滴灌 最好采用滴灌，这种方法很省水，而且水量、增加次数很适合猕猴桃的生物学特性，值得提倡。滴灌的管道系统可埋在地下 20 厘米深处，有连接水源的闸门，2～3 天开 1 次闸门，每小时约供 4 升水，每藤蔓一天的供水量约为每平方米 5 升水，即可满足植株需要。也可以把滴灌的管子系在藤蔓基部约离地面 20 厘米处，成行连结，需要时放水，使土壤保持湿润状态。

(二)排 水

排水非常重要。猕猴桃对缺氧后根呼吸特别敏感，渍涝数日就会落叶淹死，排水不良也会引起冻害和翌年的花芽分化。一般在根系分布层的含水量达到土壤最大持水量时就应立即排水。

三、中耕除草

生长季节中耕除草能保持土壤疏松，通气可减少杂草危害。下雨或灌溉后，地面潮湿不黏时要及时中耕，深度以5～10厘米为宜；新梢缓慢生长期不需要中耕。9月上中旬，在新根生长进入第二次高峰时，适当深中耕，有利于恢复树势。秋季结合施肥要翻耕土壤，此时营养正从树体逐渐向根部转移，根系活动旺盛，切断的根20天左右就会愈合。新根生长很快，离树干处可浅耕15～20厘米，树干周围稍耕深些(50厘米左右)，要注意不能切断大根。

许多果园在猕猴桃行间种植白花三叶草、紫花苜蓿等绿肥作物，可避免土壤风雨侵蚀，在草长高至15厘米时就要刈割至5厘米高，割下的草留在地里作肥料，割草时不要伤害藤蔓。

有的地方用除莠剂除杂草，春季杂草萌发前将土壤清耕并施入药剂，施用时药剂必须保持湿润状态。触杀药和内吸传导剂可混合或交替使用，如特草定与敌草隆混合使用等，浓度一定要根据说明书的规定，防止药害。有时除草剂的残毒也会伤害藤蔓，最好使用比较安全的草甘膦或百草枯等药剂。

四、地面覆盖

在高温干旱地区，盛夏酷暑时尤其需要在果园进行地面覆盖，覆盖25厘米厚的秸秆和不覆盖土壤比较，前者土壤的绝对含水量为15.7%，后者为11.4%。猕猴桃的根系常在30厘米深土壤中活动，裸露地面的温度有时能高达50℃，覆盖秸秆或其他草类可降温至18℃～20℃，有利于根系活动。覆盖的稻草、秫秸、山草、树叶等腐烂分解成为有机肥料，还可起到增加有机肥料、减少杂草以及免耕的作用。覆盖物可就地取材，厚度为15～25厘米，在行间、树盘均可，但以行间居多。

第十章 猕猴桃的病虫害防治及自然灾害预防

猕猴桃商品化栽培后，也逐渐发生了不少病虫危害。据初步调查，我国至少已有16种病害和12种虫害发生并蔓延。各地的猕猴桃生产者也受到了不同程度的经济损失。据报道，2010—2011年，在意大利、法国和新西兰的猕猴桃园，都发生了严重的溃疡病，损失巨大。病虫危害，要及时防治，否则会遭受轻则减产、死树，重则毁园的损失。近年来，生产实践和科学创新，已积累了不少病虫防治经验，主要包括农业防治、化学防治、物理防治和生物防治等。通常都以农业防治为基础，辅以其他措施。农业防治的内容很广，包括选用抗病虫品种和砧木，培养无病毒苗木，在良好的环境和地段建立果园，加强栽培管理以增强树势。操作时避免树体和果实伤害等，掌握气候变化和病虫发生规律，做到防重于治，注意安全使用药剂和喷洒方法等都很重要。

树体在生长发育各年龄阶段，对各种营养元素的要求应协调平衡，某种元素的缺乏或过量使用吸收，树体生理会产生不适应，并表现出各种症状，需要在栽培管理中加以调节以减轻危害程度。

自然灾害很难避免，重视天气预报，在灾害来临前加以预防，可以减轻危害。

第一节 主要病害

一、立枯病

由立枯丝核菌侵染的病害。

【症　状】 从幼苗的伤口或皮孔侵染，根颈部出现水渍状褐色不规则的小斑点，腐烂后蔓延至茎干、叶片，逐步萎蔫死亡。

【发病规律】 在20℃及高湿气候，根系渍水，土壤或病残枝叶上的病菌传播到幼苗的伤口或皮孔。浇水过多时也容易发生。

【防治方法】 ①选择地势较高、排水良好的地段做苗床，苗床土应进行消毒。②少数被害小苗可拔除烧毁。③30％以上小苗发病时可用50％多菌灵可湿性粉剂800～1000倍液，或50％硫菌灵可湿性粉剂1000～2000倍液防治；或0.3～0.5波美度石硫合剂防治。

二、腐烂病

由葡萄座腔菌侵染的病害。

【症　状】 采收或贮藏在冷库里的果实感染病菌后很容易发生病害。果实表面病斑为褐色卵圆形，约30毫米长。表皮下果肉呈白色锥体状，腐烂后周围有绿色水渍状窄边。每个果实只发生1个病斑，果实的任何部位都可发生。

【发病规律】 此病菌还可危害杨树，发病经过不很清楚。春夏季节，子囊孢子随空气或风雨传播到树体。在生长期并不能发现病症，可能呈潜伏状态。常温条件下成熟的果实或从冷库中取出的果实，很快就会发现此病。可能是低温抑制了病菌的蔓延。

【防治方法】 ①清洁园地。②用抗病树种作防风林。③坐果后喷洒50％甲基硫菌灵可湿性粉剂800倍液，间隔15～20天再喷洒45％多菌灵溶液600～800倍液。④幼果套袋防止侵染。

三、软腐病

由黑盘菌病菌侵染的病害。

【症　状】 受病菌感染的雄性花序和雌性花序都会变成褐色

枯萎状，花苞萎蔫下垂，难于开放。侵染时枝蔓呈褐色软腐状，受害果实的表面有凹陷的水渍状病斑。大量的白色菌丝体在被侵染部位变成黑硬的菌核，遇干旱天气，凹陷的水渍状病斑会变成伤疤，容易落果。果实可以发育成熟，但不耐贮藏。

【发病规律】 菌核在果园杂草或土块中越冬休眠。春天气候变暖后产生子囊盘，子囊孢子成熟后从子囊盘中排出，随气流传播侵染花芽、花蕾。雄花被害后呈褐色软腐斑块，雌花变褐色，凋萎后不能开放，蔓延到枝梢致使腐烂。受害果实出现白色凹陷软腐病斑，1～3 周即落果。该病的白色网状菌丝随症状同时出现。菌丝间有成堆的黑色菌核，上面有保护伞，不会干燥或腐烂。菌核在土壤休眠越冬，翌年春天，地温上升、湿度适宜，菌核复苏，随后其子囊中的子囊孢子，随气流或雨水传播到果园藤蔓，再次侵染，形成循环的生活史。

【防治方法】 此病菌分布很广，对树木、花卉、蔬菜都能形成毁灭性灾害。发病规律与当年气候有关。防治方法：①清洁果园，树盘周围的枯枝落叶和残果要集中烧毁。②展叶前后用 65% 代森锌可湿性粉剂 500 倍液喷洒；落瓣后、采收前，每隔 15～20 天喷洒 0.5 波美度石硫合剂，或 50% 甲基硫菌灵 800 倍液喷洒数次。根据病菌的生活史适时防治。

四、灰霉病

由灰葡萄孢菌侵染发生的病害。

【症　状】 果实在冷库贮藏数周即发现病害，由果梗基部向果实发展，受害部位呈水渍状。颜色明亮，较健康部位稍深，被侵染的果肉先为乳白色后转为灰色，茸毛状的菌丝体逐渐靠近并相互感染。

【发病规律】 病菌附生于病残部位，开花末期通过雨水、空气传播，从伤口、皮孔侵入，症状不明显，产生灰色后转为大量褐色分生孢子。坐果后，在残留的花瓣上产生菌丝体并蔓延到果实。冷库低温条件下，初期看不清楚，后逐渐严重，病果率可达 40%左右。

【防治方法】 ①清除藤蔓上的病原菌群体。②在开花晚期和果实采收前 2 周喷洒 50%硫菌灵可湿性粉剂 500～800 倍溶液。③树体上小病灶在冬、春季节刮除后，用 0.1%升汞溶液消毒并涂上 843 原液。

五、青腐病

由青霉菌侵染的病害。

【症　状】 被侵藤蔓的病菌初期不易发病，蔓延到果实。在冷库贮藏条件下，先在表面呈褐色水渍状，慢慢腐烂，数天后斑块上长出类似菌丝体的白色霉层，然后在病斑中间出现菌核样的黑色粉状物；病斑不断扩大，相互融合。

【发病规律】 腐生病菌经雨水、空气传播，侵入植株伤口、气孔。藤蔓在生长发育期间，表现症状不明显，在冷库低温、高湿条件下才开始发病蔓延。

【防治方法】 ①集中烧毁果园中残枝烂叶。②开花前或坐果后用 50%硫菌灵可湿性粉剂 500～800 倍液，或用 0.3～0.5 波美度石硫合剂喷洒。③在落叶后的冬季或早春树液流动前刮除腐烂小病灶，并用 0.1%升汞溶液消毒后涂上 843 原液或石硫合剂原液。④经常检查猕猴桃冷库，及时发现并清除病果。

六、褐斑病

由小球壳菌或由交链孢霉属的一种病原菌引起的病害。此病为常见病害。

【症　状】 在抽梢、现蕾期，叶片开始出现斑点，随气温升高，叶片内部的斑点逐渐扩大、增多。7 月中旬前后叶片边缘转为黄褐色，呈卷曲状，叶片背面有灰色菌丝体，叶片渐渐枯萎脱落。结果枝被病菌侵染后，果实容易脱落。受害树干的树皮粗糙，木质部易腐烂，髓心转褐色后即可死亡。

【防治方法】 ①在休眠至萌芽前，喷洒 1 次 3～5 波美度石硫合剂；叶片展开到坐果后，每隔 10 天左右，用 70%甲基硫菌灵可湿性粉剂 800 倍液，或 70%代森锰锌可湿性粉剂 500 倍液，或 50%硫菌灵可湿性粉剂 1 000 倍液喷洒防治，连续喷洒 2～3 次，效果较好。②合理疏剪过密枝叶以利通风透光，不仅可以增强树势，还可减少病菌蔓延。

七、白 粉 病

由阔叶猕猴桃白粉菌和子囊菌大果球针白粉菌侵染的病害。

【症　状】 主要在秋天发病。被感染的叶片正面有褪绿的圆形或不规则形病斑，背面着生白色或黄白色粉状霉菌；叶片改变自然着生状态而有些平展。随着病情发展，出现许多散生的黄褐色至黑褐色小粒闭囊壳，接着叶片开始卷曲、枯萎脱落，蔓延至新梢后，也会枯萎死亡。

【防治方法】 ①清洁果园，对病叶、枯梢等集中烧毁。②在休眠期对树体喷洒 3～4 波美度石硫合剂 1～2 次；生长季节，用 50%硫菌灵可湿性粉剂 1 000～1 200 倍液，或 40%敌菌铜可湿性粉剂 800 倍液，或 45%硫磺胶悬剂 500 倍液喷洒防治。喷洒要均匀，叶片的正、反面部位都要仔细喷洒，以防没有药液的地方发病。

八、花 腐 病

由假单胞菌侵染的细菌性病害。

【症　状】 病菌侵染花蕾萼片后出现褐色凹陷病斑，侵染到内部时花瓣变为橘黄色，开放时转为深褐色并已腐烂，花也很快脱落。危害不严重的花也能开放,但较正常花晚。雌花的花药、花丝、花柱染病后不能发育而腐烂,个别也能发育成小果或畸形果。雄花的发病率较低。受害的叶片正面呈黄色晕圈,圈内为深褐色病斑,叶背面病斑灰色,夏、秋季节病斑扩大。对树体无严重影响,病斑上的色素常随雨水污染果皮而降低商品价值。

【发病规律】 病原菌普遍存在于叶芽、叶片、花蕾和花瓣的残体中,随风和人为活动传播,在土壤中越冬,发病常受当年气候影响。现蕾至开花期雨水较多,发病就严重。据观察,架式与发病率有关。从表 10-1 中所示,大棚架的发病率较"T"形棚架的发病率稍低。因为"T"形棚架的藤蔓离地面较近,地面的温、湿度大,所以对病菌传播和蔓延有利。

表 10-1 架式对花腐病发病率的影响

架 式	离地面高度（米）	平均发病率（%）	发病率变化范围（%）
大棚架	＞1.8	16～20	5～34
"T"形棚架	＞1.8	18	6～33
	1.0	41	31～52
	＜0.5	53	29～81

【防治方法】 ①改善藤蔓通风透光条件,离地面很近的枝蔓及时剪短。②采果后至萌芽前,间隔地喷洒数次 5 波美度的波尔多液;萌芽至花期喷洒 100 毫克/升的农用链霉素,也可用 30%二氯萘醌或 20%福美铁可湿性粉剂 400～1 000 倍液。使用化学药剂防治,应注意避免药害。

九、黑 斑 病

病原菌有性世代为小黑孢菌,主要是该病原菌的无性阶段的假尾孢菌侵染危害。

【症　状】 初期叶片背面发生灰色霉块，扩大合成大病斑后变成暗灰色或黑色茸毛状。叶片表面褪绿部位与背面病斑相对应，逐渐转为黄褐色或褐色坏死斑块，侵染叶片容易脱落；枝蔓受害表面为水渍状黄褐色或红褐色纺锤状，病斑逐渐凹陷，继而肿大，纵向开裂，溃疡组织表面有灰色霉层或黑色小粒点。初夏时，果面出现小霉点，扩大后霉层脱落为2～10毫米凹陷病斑，此时果肉已坏死并成锥状硬块；后熟果实的肉质味道发酸，无商品价值。

【防治方法】 ①清洁果园，在生长期经常检查植株，发现染病枝叶及时剪除烧毁；冬季修剪的枝蔓要集中烧毁。②萌芽前，用3～5波美度石硫合剂喷洒1次；现蕾、开花及果实发育期，用70%甲基硫菌灵可湿性粉剂1000倍液，或用20%噻菌铜悬浮剂800倍液，间隔2周喷洒1次，连续4～5次。

十、溃疡病

由丁香假单胞杆菌感染的细菌性病害。细菌的腐生性很强，能耐低温，传播隐蔽，常暴发毁灭性灾害。

【症　状】 主要危害枝蔓，也侵染叶片和花蕾。树干的皮孔、伤口被传染初期，皮层隆起，后渐渐变为不规则乳白色水渍状。组织变软后有红褐色脓液，蔓延到木质部呈褐色病灶，随后凹陷干缩，上部枝叶枯萎，染病叶片有角状斑点，花蕾枯死。如不及时防治，2～3年会导致毁园。

【发病规律】 3月初刚发病时不明显，4月下旬发展严重，且随温度升高，病情逐步减缓。9月中旬病情又开始扩展。病菌在叶片、枝蔓上越冬，或随残枯枝叶在土壤中越冬。经风雨、昆虫或农事操作的工具传播，从枝叶的皮孔、伤口、叶痕侵染。病情的发展与当年的气候有关，抗性差的品种或受冻害后树势减弱的植株，容易被感染。

【防治方法】 需综合防治。①选用抗病、抗寒品种和砧木,用无病毒苗木种植。②要根据品种特性、树龄和立地条件确定合理的负载量。③增施有机肥,按配方施肥。④萌芽期至花期,喷洒50%醚菌酯悬浮剂3 000～4 000倍液,或噻霉酮800～1 000倍液,或梧宁霉素800倍液,或20%噻菌铜悬浮剂600倍液,连续喷洒2～3次。在此期间要防治褐斑病,以免叶片早衰;提高光合率,增加养分积累,以增强树势。8月下旬至落叶期,间隔10～15天,交替用50%醚菌酯悬浮剂3 000～4 000倍液,或梧宁霉素800倍液,或菌毒清500倍液,或3%中生菌素可湿性粉剂600倍液,喷洒3～4次。在休眠期用施纳宁150～200倍液,或21%过氧乙酸100～150倍液,交替喷洒2～3次。⑤局部发现的溃疡病块应及时刮除,并涂上57.6%氢氧化铜20倍液,或65%代森锌50～100倍液,涂药面积应大于病块2～3倍,操作时地面要铺设塑料薄膜,连同剪除的病枝都要集中带出果园进行烧毁。⑥枝剪口、嫁接伤口和枝蔓分叉处都应涂抹噻菌酮膏剂消毒。枝剪、刀具,每次用完要用75%酒精或10波美度石硫合剂消毒。

十一、膏药病

由外担子菌或由隔担耳属的一种寄生菌感染的病害。

【症　状】 主要发生在大树的枝干上,在二年生以上的枝杈处发生较多。常与粗皮、裂口等症状相随。被感染菌丝病斑呈圆形或椭圆形,初期为白色,扩大后中部转为灰褐色,最后整个病斑都变为深褐色,合成块状病斑,贴在枝干上很像膏药,故有此名。

【发病规律】 膏药病的寄生植物有板栗、柑橘、泡桐及猕猴桃等。病原菌丝体在土壤、枝干等处越冬,由空气、介壳虫等传播,以介壳虫的分泌物为营养,相互伴生。其子实体表面光滑,初为白色,后转为深灰色龟裂状,容易剥离。此病可导致枝条干枯,树势减弱而死亡。

【防治方法】 ①加强藤蔓通风透光。②定期测定土壤和树叶，如发现缺硼，可用0.2%硼砂液防治粗皮、裂皮等症状。③刮除病斑并用3波美度石硫合剂涂抹在病患处。

十二、疫霉病

由苹果疫霉、樟疫霉、侧生疫霉和大子疫霉等病原菌引起的病害。

【症　状】 先危害根的外部，后扩大到根尖；也常从根颈处侵入，蔓延到茎干。病斑褐色水渍状，腐烂后有酒糟味。发病后使植株萌芽期延迟，叶面积减小、衰弱，枝梢枯萎，危害严重时因影响水分吸收和营养运输而使植株死亡。

【发病规律】 春天或初夏，根部在土壤中被侵染，10天左右菌丝体大量发生，形成黄褐色；7～9月份发展严重；10月份以后停止蔓延。黏重土、排水不良的土壤和多雨季节容易发生。有伤口的根、茎也容易被感染。

【防治方法】 ①选择排水良好土壤建园。②防止根部造成伤口，在3月或5月中下旬用65%代森锌0.5千克对水200升稀释后浇灌根部；刮除病斑组织，用0.1%升汞溶液消毒后涂上波尔多液或石硫合剂原液，2周后用新土覆盖。

十三、根腐病

由蜜环菌等病原菌引起的病害。

【症　状】 主要危害根部。初期发病部位不定根颈处感染后，病菌沿主根和主干蔓延，病斑为暗褐色水渍状，随后在皮层和木质部之间产生白色菌丝层，1周左右形成淡黄色菌核；先在皮层，继而又在木质部腐烂。该病可导致叶片、枝梢生长减弱至枯萎，1～2年后全株死亡。

【发病规律】 菌丝体在根部或土壤残存的树桩越冬。春季，根系延伸生长过程，与被感染病菌土壤或树桩接触而被侵入。该病菌营腐生生活，也能寄生于其他植物活体。发病盛期在7～9月份，10月份后发展减缓。排水不良的土壤容易发生。

【防治方法】 ①选择良好的土壤地段建园，建园时挖好排水沟。②土壤中残留根系、树桩集中烧毁。③染病土壤可用70%甲基硫菌灵可湿性粉剂500～800倍液灌根。灌根时，每株以根茎为中心挖3～5条放射状沟，沟中共灌50～70升的药水，待药水渗入后，覆土。④被感染的根部可用70%代森锰锌200～400倍液浇灌；被害根系周围土壤应更新。

十四、根瘤病

由琼脂杆菌侵染的细菌病。

【症　状】 常在根颈或根的其他部位发生危害。初期在受害处形成灰白色瘤状物，瘤状物内部组织松软，表面粗糙。瘤体不断增大后变成褐色至暗褐色，呈球状或扁球形。表层细胞逐渐枯死，内部木质化。吸水功能丧失，树体的水分和营养供应失调，地上部的叶片、枝梢生长衰弱，逐渐黄化枯萎。

【发病规律】 琼脂杆菌生存于土壤中，植株在嫁接时或虫口伤害部位被侵染。2～3个月后症状逐渐明显，细菌不断刺激寄生的细胞，形成增生性细胞，最后膨大成瘤状。酸性土壤不适宜细菌繁殖，发病较少；碱性土壤有利于细菌繁殖，容易发病。

【防治方法】 ①嫁接和中耕时避免造成伤口。②防治地下害虫危害。③种植的苗木应严格检疫。④发现根瘤病时彻底清除，或涂抹波尔多液或石硫合剂原液保护。

第二节 主要虫害

一、苹小卷叶蛾

属鳞翅目卷叶蛾科。幼虫危害嫩叶、花蕾等。

【害虫特征】 雌成虫体长约7毫米，翅展16～20毫米，前翅黄褐色，有深褐细纹及明显的斜向深褐纹；后翅色稍淡并带灰色。雄成虫体长5～6毫米，前翅前缘向上卷褶。卵近圆形，扁平，每块数十粒，色黄白透明。幼虫体长13～15毫米，身体淡黄绿色，后变为翠绿色。

【生活简史】 每年发生3～4代，以二龄幼虫在树干皮下或枯枝落叶上结茧越冬，春天孵化后的幼虫，危害幼芽、嫩叶和花蕾；9～10月份做茧休眠越冬。

【防治措施】 ①消灭越冬幼虫、摘除虫包烧毁。②用松毛虫、赤眼蜂等天敌进行生物防治。③在孵化期喷洒50%杀螟松乳油800～1 000倍液；危害期用20%杀灭菊酯乳油2 000～3 000倍液喷洒。

二、柳蝙蛾

属鳞翅目蝙蝠蛾科。幼虫危害根茎和枝叶。

【害虫特征】 成虫体长35～44毫米，翅展65～90毫米，前足及中足发达，爪较长。雄蛾后足腿背面密生橙黄色刷状长毛。

【生活简史】 卵或幼虫在树干缝隙越冬，翌年4月中旬孵化。一龄幼虫主要取食腐殖质，二龄以后蛀食幼树，从干茎基部约50毫米处钻入，并吐丝结网，粘网成包，隐蔽蛀食。有时将树皮啃成环剥状再蛀食髓心，或向下蛀食直达根部。该病影响水分和营养运输，造成枝干枯萎、折断。第三年7月下旬至8月，虫包囊增大，色泽变深，包囊被咬成一圆孔后开始羽化，8月下旬至9月出现成虫，2年发生一代。

【防治措施】 ①清除杂木和受害枝蔓、摘除虫包囊集中烧毁。②用棉签蘸上80%敌敌畏乳油50倍液，或10%氯氰菊酯乳油500倍液塞入虫道内毒杀幼虫；幼虫在地面活动时用10%氯氰菊酯乳油2000倍液在树干基部及周围喷洒。

三、草履绵蚧

属同翅目硕蚧科。以若虫刺吸枝叶的汁液。

【害虫特征】 雌成虫椭圆形，体长约10毫米，体背中央灰紫色，外围黄褐色，全体薄被白色蜡粉，有细毛。雄成虫体长约5毫米，翅展约10毫米，腹部深紫红色，头、胸黑色，有1对紫黑色翅。卵长圆形，浅褐黄色，表面有白色丝囊。若虫体型与雌性成虫相似，稍小，赤褐色。蛹为离蛹，长圆筒形，长约5毫米，褐色，有翅芽1对。

【生活简史】 每年发生1代，卵囊中的卵在树根附近的土块、石缝越冬。3月中旬孵化出若虫。一龄若虫不活泼，常在隐蔽处群居；三龄以后，天气晴朗暖和时，若虫会爬上树干吸食1～2年生嫩枝、幼叶汁液。4月份危害最严重。雄性若虫下树后潜伏在缝隙化蛹，经过3次蜕皮发育为成虫，与雌成虫交尾后死去。雌成虫交尾后下树钻入树干周围5～10厘米，分泌白色绵状物卵囊产卵，后逐渐老熟死去。

【防治措施】 ①用硬毛刷或细钢丝刷刷去枝干上的虫体。②在若虫分散转移期用0.2%～0.4%黏土紫油乳剂或50%马拉松乳剂1000倍液喷洒，或用0.2～0.3波美度石硫合剂，或40%毒死蜱乳油1000～2000倍液防治；或用25%的噻螨酮可湿性粉剂1500～2000倍液喷施；生长季节喷施环保型轻乳油，在虫体表面形成与空气的隔离层，使其窒息而死。③冬季刮去树干基部老皮，涂上约10厘米宽的黏虫胶也有效果。④加强检疫。

四、狭口炎盾蚧

又名贪食圆蚧。属同翅目盾蚧科。主要是若虫对猕猴桃枝、树皮以及果实的危害。寄生范围极广泛。

【害虫特征】 雌性成虫卵圆形，直径1.2毫米，口器大，腹部向臀板末端宽圆或稍平齐。雄性成虫触角丝状，翅大，交配器官狭长。若虫幼龄时体长约0.2毫米，椭圆形，淡黄色；二龄若虫的触角、足、眼都消失，体形似雌性成虫。雄性若虫介壳较小，长形，两侧边近平行。

【生活简史】 每年发生2～3代，以二龄若虫和少数成虫在树枝、枯叶上越冬，翌年4月开始危害，5月中旬前后发育为成虫。雄性成虫羽化后与雌性成虫交尾，随即死去。6月上旬雌性成虫生产若虫。一龄初期，若虫能蠕动到植株的不同部位定居，刺吸组织喂养自己，并产生白色纤维盖壳，被称为“白帽期”。若虫蜕皮即进入二龄，介壳变为褐色，蜕皮后为三龄，虫体变大，分泌物增加，介壳变为黑色圆圈状，显著凸出像屋顶，性器官成熟开始产卵。据研究，该害虫在25℃条件下能生长和存活，但介壳发育不快，约60天产生1代，产卵期能持续30天左右，每个雌性成虫能繁殖60多个若虫，最高达112个。在3℃低温下，若虫不能生存。

【防治措施】 此虫为欧洲和北美出口果实的检疫对象，应加强检疫防止蔓延。①刮除老树皮，集中烧毁树叶和树皮。②在萌芽前喷洒5%重柴油乳剂1 000倍液，或5波美度石硫合剂2 000倍液，喷洒效果都可以。

五、斑衣蜡蝉

属同翅目蜡蝉科。以若虫刺吸嫩叶、幼枝的汁液为主。

【害虫特征】 成虫体长 14～15 毫米，翅展 40～55 毫米，体小，短而宽，全体被白色蜡粉(图 10-1)。卵长圆形，长约 2.5 毫米，排列成行，数行成块，外被初为白色，后变成淡灰色的胶状分泌物。若虫身体扁干，初龄期黑色有白点，老龄期转为红色带黑斑。

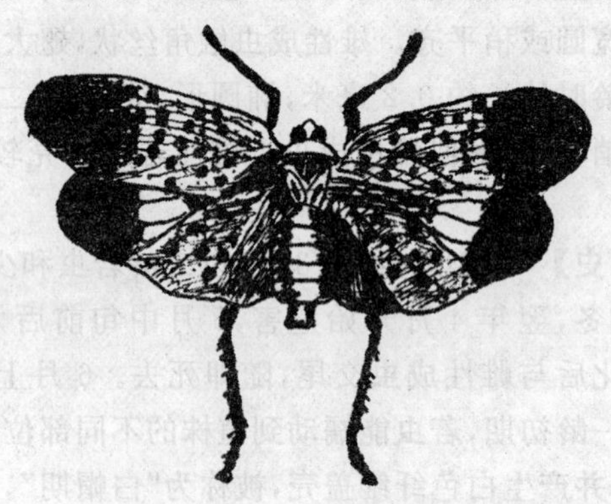

图 10-1　斑衣蜡蝉成虫

【生活简史】 每年发生 1 代。以卵在枝蔓、树干、枝杈和架材中越冬。4 月中旬孵化为若虫，吸食嫩梢、叶片汁液。蜕皮 4 次，6 月中旬羽化为成虫，刺吸危害。8 月中下旬交尾产卵，10 月下旬成虫死亡，寿命为 1 个月左右。若虫能排泄黏液污染叶片、果实和枝干。若虫和成虫都有蹦跳和群集的习性。

【防治措施】 ①清洁田园，刮除卵块集中烧毁。②4 月中旬至 5 月上旬在若虫孵化期，用 40%乐果乳油 1 000 倍液，或 90%敌百虫可溶性粉剂 1 500 倍液喷洒。

六、猩红小绿叶蝉

为同翅目叶蝉科的害虫。成虫、若虫都能吸食幼芽、枝梢和叶片。被害叶片有黄白色小斑，扩大成片状苍白色，光合作用减弱，提早落叶，使树衰减产。

【害虫特征】　成虫长约 2.6 毫米，主要为猩红色，头部前面突出；前翅长约 3.6 毫米，猩红色，翅端为透明状黄色；若虫初孵化时为乳白色，逐渐变为黄绿色，大龄若虫胸部的背面有 3 对黑点。卵为乳白色后为黄色，长 1 毫米左右，孵化前尖端有一黑色斑点。

【生活简史】　一年发生 4 代。以第四代成虫在绿肥作物或杂草中越冬。早春，成虫交尾产卵，7～10 天孵化，若虫期 2～3 周。4 月中下旬，第一代成虫在叶背面主脉间，少量在侧脉附近产卵，每次产 4～10 粒，排成条状。6 月中旬至 7 月中旬，为第二代成虫发生高峰，产卵量也大为增加。

【防治措施】　①选择抗虫品种，如美味猕猴桃的叶片较中华猕猴桃稍厚，所以前者的品种、品系较后者受害较轻。②采用光照条件较好的“T”形架，其受害程度较大棚架轻。③及时清除果园及其周围杂草，行间的绿肥作物应在冬季填埋。④成虫发生盛期，可用 40％乐果乳油 1 200 倍液，或 10％盐酸小檗碱 2 500 倍液喷洒，效果很好；若虫发生盛期可喷施 20％叶蝉散乳油 800 倍液，或 20％溴氰菊酯乳油 3 000 倍液，或 50％抗蚜威可湿性粉剂 4 000 倍液，均有防治效果。

七、羊毛金龟子

属鞘翅目金龟甲科。成虫危害花器官，幼虫危害幼根。

【害虫特征】　成虫体长约 10 毫米，卵圆形，头、胸、背部均为紫铜色，有刻点，后翅折叠成“V”状纹(图 10-2)。卵长约 1.5 毫米,椭圆形,乳白色有光泽,孵化前为米黄色。幼虫俗称“蛴螬”,老熟时体长约51毫米,肥大,乳白色,头部黄褐色,呈“C”形弯曲,胸足3对。蛹长约10毫米,初为淡黄色渐变为黄褐色,羽化前转为红褐色。

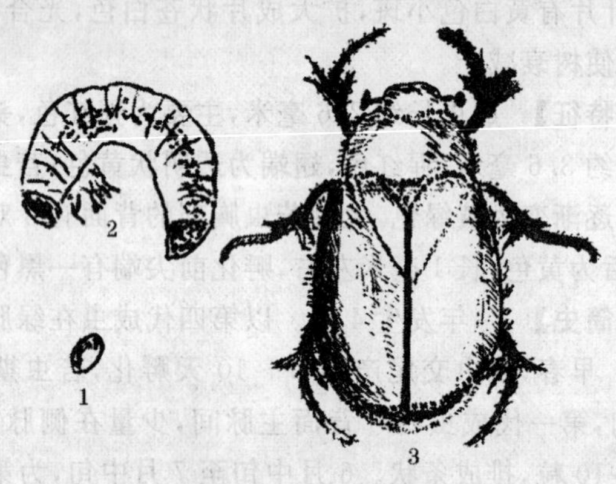

图 10-2　羊毛金龟子

1. 卵　2. 幼虫　3. 成虫

【生活简史】　每年发生1代,成虫在表土下30～50厘米处越冬,翌年3月下旬至4月上旬出土活动,主要危害花蕾及花,5月上旬在5～10厘米土层产卵后死去。卵期15～20天,孵化为幼虫,加害幼根,老熟后在地下化蛹,并在蛹室越冬,9月上旬羽化为成虫。中午气温暖和时行动活泼,有假死的习性。

【防治措施】　①利用成虫假死习性,危害盛期在清晨和傍晚摇晃藤蔓,令其落地后人工捕杀。②根据金龟子的趋光性,在集中危害期,可在晚间用蓝光灯诱杀,也可在晚间利用成虫的趋化性,在田间放置糖醋药饵罐头瓶诱杀。③在定植苗木前,用40%毒死蜱乳油400倍液喷洒园地并深翻20～30厘米以消灭蛴螬;在花蕾开放前,喷洒50%马拉硫磷乳剂1 000～2 000倍液,或75%辛硫磷乳剂1 000～2 000倍液,或25%甲萘威可湿性粉剂800～1 000

倍液。花后再喷1次,效果更好。

近年来,在长沙地区危害猕猴桃的还有斑喙丽金龟子、黑绒金龟子和大黑鳃金龟子,从5月上旬至9月中旬期间,这三种金龟子相继危害,除一般的综合防治外,用频振式杀虫灯诱杀成虫,效果也较好。

八、根结线虫

由 Meloidogyne hapla 线虫侵染危害。该线虫在意大利、智利、法国、澳大利亚等国都已造成危害,尤其在新西兰,几乎每个果园都有发生。据我国线虫专家对武汉地区313株猕猴桃的调查,有288株已患根瘤病害,其中株寄生率92%,根寄生率86.25%。

【害虫特征】 成虫的雌性和雄性不易区别,雌性虫体为0.4毫米×1.9毫米×0.27毫米~0.9毫米,梨形,不对称,珠白色;雄性成虫长1.2~1.9毫米。幼虫像蛔虫,透明无色。卵很小,长圆形。

【生活简史】 每个虫瘿或肿瘤中有1个、若干个或许多雌性线虫,如果解剖,肉眼也能见到线虫。温暖地区,线虫的生活周期约需1个月,成虫在根瘤内交配后,雌性成虫可在寄主体内或在土壤中连续产卵4个月,可产约500个卵。温度适宜,卵2~3天即可孵化,幼虫在寄生体内发育能存活数月,它们相互侵染或在土壤中继续危害根系,雌性成虫2~3周就能成熟产卵。一个虫瘿能连续世代许多年。生活史的长短主要受温度的影响,危害程度也与土壤有关,沙性土壤常较容易发病,而且比较严重。据报道,南方根结线虫和花生根结线虫在湖南等地区也危害猕猴桃根系。

【防治措施】 ①用抗线虫砧木繁殖苗木。②苗木圃地需轮作,严格实行苗木检疫制度。③选择无线虫地段建园,对有线虫的园地进行土壤消毒,并用10%噻唑膦300~500倍液,根灌。④果园中间作抗线虫的绿肥,绿肥选择禾本科植物较白花三叶草更好;

藤蔓周围覆草中产生的腐生线虫，也有防治根结线虫的效果。

九、斜纹夜蛾

属鳞翅目夜蛾科。

【害虫特征】 成虫体长约 20 毫米，翅展 40 毫米左右，前翅灰褐色，有复杂斑纹，前、后缘处侧有 3 条白色斜纹。卵半球状，扁平。幼虫体长约 45 毫米，头部黑褐色，胴体暗绿色。

【生活简史】 叶片背面或叶脉分叉处的卵块随枯枝落叶在表土层越冬，一年发生 5 代，约 1 个月完成 1 代。三龄前的幼虫常群集取食叶肉，四龄后暴食，能吃光叶片，危害严重。

【防治措施】 ①清除果园枯枝落叶和果园周围的杂草。②及时摘除卵块，集中烧毁，用频振式黑光灯及糖醋液加毒饵诱杀成虫。③湖南省园艺研究所等单位在化学防治试验中认为用 80%敌敌畏乳油 800 倍液喷洒效果较好。为节省农药、人力，减少污染，最好不要全园喷，而在幼虫点片危害时有选择地喷洒较好。

第三节　缺素症和中毒症

缺素症和中毒症症状的表现，都属于生理病害，一般都用叶片分析来诊断这类病症。在每年猕猴桃坐果以前，在同一猕猴桃园的某个地段，选择生长正常的 20 株藤蔓，取其当年新成熟的叶片，每藤蔓 2～3 片作分析材料、实验分析的资料，以作为施肥和调节无机营养元素的科学依据。

一、缺素症

无机营养元素缺乏会导致生理敏感，从而出现一些症状，即为缺素症，常见病症有以下几种。

(一)缺钾症

植株体内干物质钾含量低于2%/千克时,会出现叶缘脉间失绿并向基部延伸,失绿和健康组织之间界限不明显;随后,失绿组织开始干枯并呈破碎状,老叶的叶缘渐变褐色,向上卷曲,气温高时更严重;病叶早落,果实发育不良,个头也小。

纠正措施:土壤中施入氯化钾或硫酸钾后可以缓解症状。盛果期果园的参考用量为100千克/公顷。

(二)缺镁症

植株体内干物质含镁量低于0.1%/千克时,即可出现缺镁症状。在生长季节,成熟叶片的叶脉间颜色变淡,逐渐变为黄绿色,叶缘有规则排列的失绿斑块,主、侧脉两边的组织呈宽带状,脉间组织偶有坏死斑块,失绿处和健康组织有明显界限。

纠正措施:在土壤中施用硫酸镁,盛果期果园供参考的用量为20～30千克/公顷,或在叶面喷洒0.3%～0.5%硫酸镁溶液,每周1次,连续喷洒3～5次。

(三)缺锌症

植株体内干物质含锌量低于12毫克/千克时,会出现缺锌症状。在生长旺盛季节,田间观察到成熟老叶的脉间明显失绿黄化,有时发现在新梢中存有只能窄长生长的小叶。缺锌影响地上部枝叶生长和根系发育。

纠正措施:在症状出现时用0.3%硫酸锌溶液喷洒叶面,每间隔1～2周喷洒1次,连续2～3次。磷能降低土壤中锌含量的有效性,施磷肥过多的果园,也容易出现缺锌,所以施用磷肥应适量。

(四)缺 钙 症

植株体内干物质含钙量低于0.2%/千克时，被认为缺钙症。在生长季节，新成熟叶片基部叶脉颜色变淡、坏死，随病情发展，出现分支状坏死，后又合并为片状坏死斑，使叶片干枯破裂、脱落。严重时老叶脉间组织坏死，叶缘向上微卷。落叶后侧芽萌发，新梢呈莲座状，枝枯坏死，地上部分生长不良也会导致根尖死亡和根际病害的发生。

纠正措施：如果是酸性土壤的果园，在生长后期，即9月份可在土壤中施用石灰，用量为50～75千克/667米^2，以提高土壤钙含量；在中性或偏碱性土壤，在盛果期果园中可施用过磷酸钙或硝酸钙，参考用量为50～100千克/公顷。钙也可以促进植株对磷的吸收。

(五)缺 铁 症

植株体内干物质含铁量低于60毫克/千克时，会出现缺铁症。幼叶初受害时叶脉间失绿，变为淡黄色或黄白色，从叶缘向主脉延伸，严重者落叶，甚至枝蔓的叶片全部失绿，叶片变薄、脱落，且果实发育不良，变得小而硬，果皮粗糙。

纠正措施：缺铁症俗称黄化病，土壤pH值高，有机质少等因素常影响铁元素的吸收，多施有机肥，使土壤有机质达到3%以上，可用硫酸铵、硝酸铵、酒糟、醋糟和有机肥混合使用，以降低pH值，释放出土壤中的铁元素；也可在叶面喷洒0.3%～0.5%硫酸铁铵溶液，间隔10天左右1次，连续喷3～5次，也有效果。

(六)缺 氮 症

植株体内干物质含氮量低于1.5%/千克时，会出现症状，叶片从深绿色变为淡绿色，后完全转为淡黄色，但叶脉仍保持绿色。

老叶顶端边缘为橙褐色日灼状，沿叶脉向基部扩展，坏死组织的地方向上微卷曲，树体生长减缓、矮小，果实发育受阻，较正常果小。

缓解措施：在定植时施入充足的基肥，在生长季节用尿素或人粪尿作追肥。尿素等氮肥在盛果期园中的参考用量为 750～900 千克/公顷。每 2～3 周 1 次，连续 2～3 次。

(七)缺 磷 症

植株体内干物质含磷量低于 0.12%/千克时，会出现症状。轻度缺磷时症状不明显；严重时，老熟叶片从顶端向叶柄基部扩展，叶脉之间失绿，叶片逐渐表现为红葡萄酒色，叶缘更显著，背面的主、侧脉为红色，向基部逐渐变深。

缓解措施：土壤中用过磷酸钙和农家有机肥混合作基肥，在盛果期园中的参考用量为 1.5 吨/公顷，病症可得到缓解。

(八)缺 氯 症

当植株体内干物质含氯量低于 0.6%/千克时，即会在老叶顶端主、侧脉间出现分散的片状失绿，有时也会出现边缘连续失绿。常反卷成杯状，幼叶的叶面积减小。根的生长受阻，离根 2～3 厘米处的组织肿大。猕猴桃对氯很敏感，并对施钾肥不起反应。

缓解措施：土壤中施用氯化钾可减轻症状。盛果期园中的参考用量为 150～225 千克/公顷，分 2 次施用，每次间隔 3～4 周。

(九)缺 锰 症

当植物体内干物质含锰量低于 30 毫克/千克时，即表现为缺锰症。开始在新成熟叶缘失绿，进而侧脉、主脉附近失绿。小叶脉间的组织向上隆起，像有光泽的蜡色，只有叶脉仍保持绿色；严重时，所有叶片都失绿。

纠正措施：在偏碱性土壤中施用有机肥料混合硫酸铵、硝酸铵、酒糟、醋糟等,可降低土壤 pH 值,并使土壤中的锰元素释放出来。喷洒 0.3%～0.5%硫酸锰液 3～5 遍,每次间隔 2 周左右。叶片中的含锰量达到 50～150 毫克/千克时,缺锰症可消失,叶片恢复正常。

(十)缺 硫 症

当植株体内干物质含硫量低于 0.18%/千克时就出现缺硫症状。初期在幼叶边缘呈淡绿色或黄色,后逐渐扩大,仅在主、侧脉结合处保持一块楔形的绿色,最后叶片全部失绿。老叶无明显症状。

纠正措施:在土壤中施用硫酸铵或硫酸钾,于生长季节分 2 次施入,每次间隔 1 个月。盛果期园中的参考用量为 225～300 千克/公顷。植株体内干物质含硫量恢复到 0.25%～0.45%/千克时,症状会逐步消失。

(十一)缺 硼 症

当植株体内干物质含硼量低于 20 毫克/千克时,会表现缺硼症。开始时在幼叶中心发现不规则黄色,扩大后在主、侧脉两边连结成为黄斑,但叶脉仍为绿色;脉间组织隆起,变成扭曲畸形。缺硼使花的授粉、受精不良,果实的种子少,个头小;枝蔓生长受阻,植株变得矮小,还易诱发溃疡病。

缓解措施:猕猴桃对硼元素很敏感,一般都在萌芽至初花期喷洒 0.2%硼酸液,症状可以得到缓解。干物质含硼量 40～50 毫克/千克比较合适,硼含量过高,又会出现硼中毒。

(十二)缺 铜 症

植株体内干物质含铜量低于 3 毫克/千克时,即出现缺铜症。正常叶片的含铜量为 10 毫克/千克。初期幼叶和未成熟叶失绿,后逐渐发展成漂白色,且结果枝的生长点死亡,叶片早落。

缓解措施：一般在酸性土壤容易缺铜，用碱性肥料改良土壤，盛果期果园可用硫酸铜施入土壤，参考用量为25千克/公顷，在叶面喷布波尔多液也可缓解症状。

(十三)缺钼症

猕猴桃健康植株叶片中钼的含量为0.02～0.04毫克/千克干物质。若低于0.01毫克/千克时无明显症状，说明猕猴桃对钼元素不敏感，但也应经常检查，避免因缺乏钼元素使植株体内硝酸盐积累过多而造成危害。

二、中毒症

中毒症也是一种生理病害。土壤中某种无机营养元素过多时，猕猴桃植株会出现中毒现象，称中毒症。

(一)硼中毒

叶片干物质含量中硼元素大于100毫克/千克时，就会出现中毒症。首先在成熟的老叶出现脉间失绿，然后在幼叶也失绿、脉间组织隆起，表面粗糙，叶片变厚，叶缘向上或向下卷曲；随后，失绿处的组织坏死，由支脉扩展至侧、主脉之间的组织由失绿成为褐色，后变为银灰色，且质地变脆，容易破碎。坐果率低，果实发育受阻，严重者果心坏死，不耐贮藏。

缓解措施：施用生石灰或增加有机肥料，都可以改善受害状况。

(二)锰中毒

当叶片干物质含量中锰元素大于1 500毫克/千克时，就会出现中毒症。土壤偏酸的果园中发生较多。先在成熟老叶沿主脉两侧密生规则黑点并伴有失绿斑块，叶片渐呈蓝灰色或蓝绿色。严重者，叶片出现大面积坏死并引起缺铁状，使幼叶脉间也失绿。

缓解措施：土壤中施用生石灰，可缓解症状。

第四节　自然灾害

自然灾害因地区和地段不同，发生的时间及受害程度也有区别。重视天气预报，采取必要措施，选抗逆品种，加强栽培管理等措施可以预防或减轻经济损失。

一、涝　灾

连日阴雨，使土壤和空气湿度过大，猕猴桃最忌渍水而影响根系的呼吸功能，从而导致根系病害发生。渍水时地上部分也会出现叶片发黄的现象，并易导致落叶、落花、裂果发生。

预防措施：选择排水良好的沙质壤土建园。为保持树体水分状况适度、平衡，要及时排水、灌水，避免土壤积水和干旱。

二、日　灼

夏季，果实在强烈日光直射时，常会出现果实日灼、叶片变黄的症状。果实在阳光下直射后会发育不良，果肉变为褐色、向下凹陷，且容易开裂，从而丧失商品价值。

预防措施：按适当的叶果比修剪树体，避免过于透光，因为叶片也能遮蔽强光；或者用套袋方法防暴晒也可以。

三、暴风雨

盛夏季节，常有暴风雨突然袭击，使猕猴桃叶片破碎掉落，枝蔓断裂，果实擦伤被刮落；严重者，藤蔓连根拔起倒地，从而造成当年和翌年减产。暴风雨后如排水不及时，还会引起根部病害。

预防措施：重视天气预报，设立防风、防雹网或防雨棚，也可点燃柴油，形成热空气以冲散积雨云等。选择小环境较好的地段建园也可减少灾害。

四、干热风

常有干热风的地区，会使猕猴桃叶片干枯、反卷，然后脱落；枝梢萎蔫；果实变为褐色，表现凹陷。

预防措施：重视天气预报，在干热风来临前3天左右，给果园浇水；干热风发生时在果园喷水，或喷布乳油乳胶制剂、螯合盐制剂等防旱剂。建园时设置防风林，或在果园种植草坪，均可降低园内温度、提高湿度，从而减轻灾害。

五、冻害

在猕猴桃生长季节，早霜等低温易引发冻害，休眠期的低温也能引起冻害，但其休眠期能耐－15℃左右的短期低温、－12℃以上的持续低温。萌芽后和落叶前，猕猴桃植株只能耐－1.5℃短期低温和－0.5℃较长期低温。美味猕猴桃系统的品种、品系较中华猕猴桃系统品种、品系稍耐寒1℃～2℃。冻害表现在早春时，芽受冻，芽内器官不能发育，已萌发的幼叶嫩梢也会变为褐色并死亡；秋末受冻害后的叶片不易脱落，果实尚未形成离层，不宜采摘；采摘的果实很难后熟变软，难于食用。休眠期冻害表现为枝蔓失水"抽条"，树干开裂，受冻的冬芽在翌年不能萌发。

预防措施：重视天气预报，在低温降临前，给树体喷水，因为水在凝结时能释放热量，缓解局部的急剧降温，并对树体有保护作用；也可在果园内熏烟。秋末将树干用石灰水涂白。入冬前浇冻水，待冻水渗入后用稻草、麦秸或人造纤维毡包裹树干，也可在外面再包塑料薄膜。根颈处培土。选育抗寒品种或品系，使用抗寒种类作砧木，也可起到一定的作用。

第十一章　猕猴桃商品经营

第一节　采收、分级和包装

一、采　收

猕猴桃果实达到生理成熟时即可采收。采收太早，影响果实品质和产量，也不耐贮藏；采收太晚，有可能受到早霜、低温和鸟类啄食危害，而且过度成熟的果实会很快软化和衰老，失去经济价值。另外，果实在藤蔓上继续消耗养分和水分，会影响藤蔓对养分的积累，甚至影响翌年的花芽分化。

猕猴桃花后170～180天果实的生长发育基本停止，其内淀粉消减，糖量增加。有关研究认为，海沃德的可溶性固形物为6.25%，采摘果实时果梗基部的离层容易脱落，即为采收适期；也有人认为可溶性固形物在6.5%时为采摘适期。由于各地气候、土壤条件不同，同一果园地段之间的可溶性固形物会有差异；品种之间、藤蔓上果实着生的部位，从果实上取样分析的部位，其可溶性固形物也会有差异。为确定采收日期，取样分析时应注意方法：在同一种植区或果园内，选择架式、树龄、管理水平较一致的藤蔓5株（边行和株行两端的藤蔓不能作选株）。在藤蔓1.5米高处树冠的不同部位选取10个健康果实，采样后1小时内用手持测糖仪测定可溶性固形物的读数。测糖仪使用前要用蒸馏水调整至读数0。先把果实两端切下各1.5厘米，在测糖仪棱镜上各挤出2～3

滴果汁，盖上棱镜盖，然后读数。取样最好在上午10时或下午3时，避免阳光直射，果实测糖时在20℃左右的温度下进行。每一样品测定后都应用蒸馏水冲洗并擦干。10个果实样品的平均值在6.25%以上时就不需重复，读数低于5.8%，说明未达到生理成熟，收获期须往后推。

采收期也可以根据果实的硬度确定，测定硬度时需将果实的两个侧面削掉一点皮，将硬度计插入果肉，读数在588.4～882.6千帕时表明果实的生理已成熟，也有计算开花后到生理成熟大致的时间，认为海沃德开花后的23～25周，果实基本达到生理成熟。

据报道，海沃德和Hort16A的果实贮藏硬度如果低于20N（为新西兰猕猴桃出口果实最低硬度标准）时，每秒穿刺度在4～40毫米，硬度计读数与穿刺速度和深度相关。从而建立了"硬度—速度"模型，初步掌握了规律。

许多单位为了精确的采收日期，进行了各种试验，中国科学院武汉植物园对金艳品种的采收日期确定从10月17日至11月7日，每隔7天采收1次，分成四组做比较，结果认为在10月24～31日采收的果实能在常温下贮藏30～45天，低温贮藏2～4个月，货架期7天以内都能保持较好的硬度，可溶性固形物和维生素C也为最佳的可食品质。

田玫妮等以海沃德为试材，在其盛花后151～179天分8次采收果实在0℃±1℃条件下冷藏，通过测定生化指标探索其适宜的采收期。结果认为，海沃德在盛花后159～171天采收的果实贮藏性能好，糖酸比较高，失重率和腐烂率低。

近几年研究发现，猕猴桃果实干物质（DM）含量值和滴定酸含量可作为采收适期的指标，果实在藤蔓生育期的长短与叶片等诸多因素有关。研究认为，干物质含量指标确定的采收期，采收的果实贮藏后品质更好。新西兰用软枣猕猴桃新品种做试验，其干物质含量达到20%，藤蔓上1%果实变软时采收，可贮藏10～12

周。也有试验报道,海沃德的大果较小果的干物质含量要高。

猕猴桃不同品种或无性系的结果习性不同,每年气候的季节变化差异也大,果园的管理技术也不一致,各地区,甚至每个果园的采收适期都需要每年取样测定,不能照搬其他数据,只能参考。

采收前要和收购部门联系好,准备好工具、容器和劳动力,采收人员要剪短指甲或戴上手套,套在脖子上的盛果口袋底部最好是活动的,采果时扣上,果实达到一定容量时袋底打开,果实落入果箱。果实落入时距离短、冲击力小,不易受损。采收的果实应在24小时内运送到包装厂。

二、分　级

猕猴桃果实进行标准分级的优点是:保证质量,促进高质量生产,并能实行优质优价;将好与劣的果实分开可减少病菌感染,防止腐烂,便于检疫;有利包装、运输并减少周转中的损耗。

(一)机械分级

机械分级速度快、精确度高,但投资大,而且机械分级也需要人工辅助操作。为便于识别,一些国家在分级机旁挂一张标准图,果形不正、病虫和损伤果等的图样旁有"×"记号,提醒操作人员把"×"果挑出,标准果入选。海沃德大体可分为8级(表11-1),供参考。新西兰为保证猕猴桃果实出口的质量,在果实采收后用铲车将盛果实的木箱运到包装厂房,输入滚动式分级机;输送台有很好的照明设备,每次有6～8个果实移动、传送到输送台上;有经验的操作者很快会将有污染、损坏或病虫的果实挑出来,再由自动机械按不同重量分级后,分装入有塑料袋的托盘。有的分级机是轨道型的,当果实投掷到空中后,会按果实重量的差别,在不同的间隔距离上掉落在帆布制成的斜槽中。

表 11-1　猕猴桃海沃德品种分级

级　别	每托盘果实个数	平均单果重量(克)
1	25	140.0
2	27	120.7
3	30	116.7
4	33	106.7
5	36	97.2
6	39	89.7
7	42	83.3
8	46	76.0

(二)人工分级

我国目前多数采用人工分级,中华猕猴桃开发集团曾提出分级标准的试行草案。鲜果的质量标准是：①单果重在 60 克以上,分 60～80 克、80～100 克和 100 克以上三个等级；②果形端正、美观,无污点、病虫斑点；③每 100 克鲜果肉中维生素 C 含量为 100 毫克以上；④可溶性固形物在 12%以上(以开始软化时为准)；⑤甜酸可口,无异味；⑥耐贮性好,美味猕猴桃在常温条件贮藏 10 天以上不软化,0℃±1℃冷藏可保存 3 个月以上,货架期 3～5 天,中华猕猴桃可适当缩短期限；⑦农药残留量不得超过国际允许标准；⑧要求品种纯正。

三、包　装

包装是商品流通中的重要环节。合理的包装在流通过程中能保证商品果实的质量。市场上可以看到各种小包装,但多数还是仿制托盘包装。这种包装能使猕猴桃保存在较好的温湿度环境中;防止果实擦伤和挤压;运输方便,适合批发和零售两用。托盘按果实分级有 8 种规格,每个托盘装果实约 3.6 千克,有一个木制的卡片纸板或塑料的外盖,旁边有通气孔;一个预制的塑料容器垫,垫内有很厚的浅绿色聚乙烯衬垫膜可以保持有限的空气湿度,避免果实脱水。果实成排或按对角线装在盘内预制的塑料容器盒内,盒外用聚乙烯薄膜包裹,上下都有瓦楞纸板。托盘包装好后在一端标明果实数量、规格、品种名称、栽培者及注册商标,还有铁路和水运的记号等。

每个托盘里只允许一种规格的猕猴桃。174 个托盘用绳带绑紧,摞放在货盘(集装箱)上,准备预冷、贮藏或运输。

分级和包装密切结合,组合内容可用图解表示(图 11-1)。包装业务复杂,必须参与手工操作。包装业是劳动密集型行业,一个劳动力每天采摘的果实需要 2～3 个人完成包装。一般的包装厂每天需要用 50 个工人才能完成 4 000 个托盘的包装业务。自动化程序高的包装厂,1 分钟可装 20 个托盘,运转完全由计算机控制。

除托盘外也有用木箱的,规格:长、宽、高为 45 厘米×18 厘米×18 厘米或 40.5 厘米×30.5 厘米×11.5 厘米,这种木箱约装 9 千克;或 40.5 厘米×15.2 厘米×11.5 厘米规格的可装 4～4.5 千克;也有的果实散装,到达目的地后再改用小纸箱包装出售。我国除托盘包装外也有用小纸匣,或中间用框格隔开的,容量有 0.5 千克、3 千克和 3.5 千克,但在山区或交通不发达的农村仍用竹筐、柳条筐等,其筐内需要用山草、稻草等作衬垫。果实需轻拿轻放,为防止果皮擦伤,可用地膜或低压聚乙烯膜单果包裹,效果也很好。产品的外包装最好能设计成与产品协调的图案,力求简单大方,不宜华丽装饰。

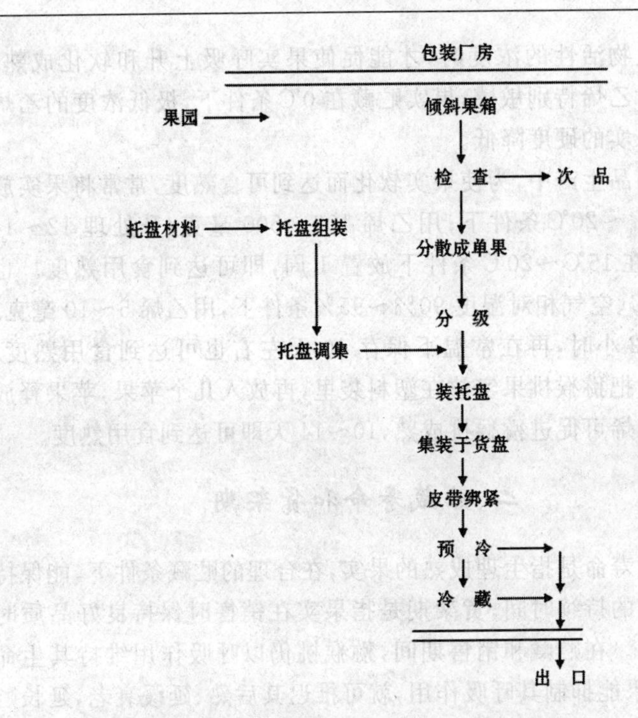

图 11-1　猕猴桃分级包装示意图(新西兰)

第二节　采后生物学

一、成熟和衰老

猕猴桃从坐果,果实发育、成熟到衰老是经过生物降解、生物合成、蛋白质和酶的合成等一系列复杂的生理生化过程。果实采收脱离了母体,仍是活的有机体,并受环境因素的影响,其中呼吸作用是其主要生理过程。

乙烯在果实成熟过程的生物降解和生物合成反应中都对其有影响。有研究认为,在果实呼吸跃变前期会产生一定量的乙烯,当其达到生物活性的浓度时,才能促使果实呼吸上升和软化成熟。猕猴桃对乙烯特别敏感,果实贮藏在0℃条件下,极低浓度的乙烯也会使果实的硬度降低。

在商品生产中,为使果实软化而达到可食熟度,常常将果实放置在15℃～20℃条件下;用乙烯100～500毫克/升处理12～14小时,再在15℃～20℃条件下放置1周,即可达到食用熟度。也可在20℃、空气相对湿度90%～95%条件下,用乙烯5～10毫克/升处理12小时,再在常温下保存10天左右也可达到食用熟度。家庭中常把猕猴桃果实放在塑料袋里,再放入几个苹果,苹果释放的外源乙烯可促进猕猴桃成熟,10～14天即可达到食用熟度。

二、贮藏寿命和货架期

贮藏寿命是指生理成熟的果实,在合理的贮藏条件下,能保持良好品质的持续时间;货架期是指果实在销售时保持良好品质时间的长短。在贮藏和销售期间,猕猴桃仍以呼吸作用维持其生命活动,如果能抑制其呼吸作用,就可推迟其后熟、延缓衰老,延长贮藏寿命期和销售,即货架期。果实衰老的内在因子,如核糖核酸代谢、酶的活性、激素影响、膜的透性等极为复杂,难于控制,这里讨论几个能选择和控制的因素。

(一)遗传性的差异

在物种或品种系统发育过程中,耐贮藏的遗传性是不同的,在同样条件下,有的耐贮性强,有的较差,可以通过品种选择。

(二)采摘前营养的影响

植物生长发育过程所需的营养物质,主要是光合作用和土壤中吸取的无机营养。土壤中钙的成分对细胞和酶的活性很重要,能影响果实的成熟、耐贮性和采后的代谢。缺钙的生理病害使果实代谢失调、品质变劣、贮藏期缩短，钙含量高，能降低果实呼吸率，延长其贮藏寿命。

（三）栽培技术和气候因素

植物代谢与营养密切相关，土壤性质、灌溉、光照、降水和气温等都能影响果实的发育。疏花、疏果可使营养集中，从而提高果实贮藏寿命。

（四）果实受损伤

果实的自然伤害，如低温、失水、日灼、病虫害等都会影响其贮藏时间和货架期的长短。

（五）包装和贮藏技术

一些国家贮藏猕猴桃的温、湿度不完全一致，因为海沃德的贮藏期可从 3 个月至 6 个月。据报道，美国的猕猴桃冷库温度为 1.7℃，空气相对湿度 90%～95%；日本为 1℃～2℃和 98%以上的相对湿度；新西兰为 0℃±0.5℃和至少 95%的空气相对湿度；意大利为－0.5℃～1℃，95%的空气相对湿度。包装材料有木盒、纸盒或塑料制品，效果都不同，需要根据实际情况参考或创新。

第三节 贮 藏

一、预 冷

猕猴桃收获季节的温度仍较高，大气热能使果体保持较高的温度，俗称“田间热”。果体温度高，呼吸、代谢等生理活动旺盛，果实内的营养保存困难，水分蒸发也快。因此，包装的容器甚至车厢、贮藏库的空气相对湿度增加，易出现凝水现象，从而加速了果实的软化过程和病原菌的繁衍。果实贮藏以前必须消除这种“田间热”,使果实尽快冷却,达到预冷目的。

预冷方法很多,应用较广的是强制空气冷却。在集装箱的对侧,增加空气的压差,使冷空气以 0.75 升/秒·千克的流量进入冷库,由于压力大,冷空气能流入猕猴桃托盘里,再经过中心隧道由风扇排出。其装置见图 11-2,供参考。这种方法预冷 8 小时后,温度即可从 20℃下降到 2℃,较常规冷却效率高 15～20 倍。

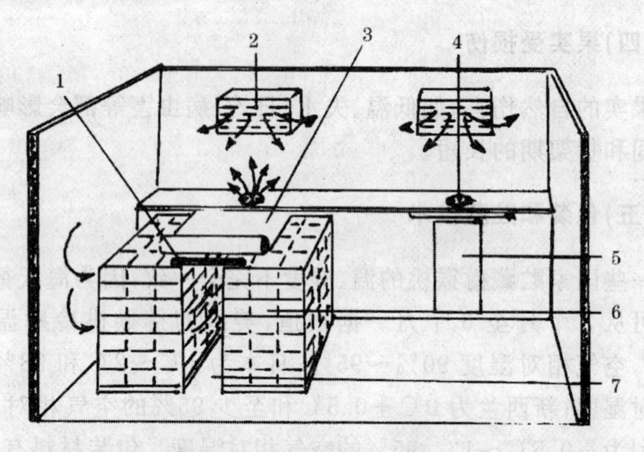

图 11-2　强制冷却装置示意图　(B. Mcdonaid,1990)

1. 支撑板条　2. 制冷蒸发器　3. 粗帆布或聚乙烯盖

4. 通风扇　5. 强制通风墙　6. 货盘装置的托盘

7. 中央隧道

第一,冷库冷却。冷库冷却是包装好的猕猴桃在 1℃冷库贮藏 24 小时后,再在 0℃条件下贮藏。这种方法是预冷和贮藏都在一个库内,所以需要较大的容积以提高热、冷空气的对流。由于压力低,进入的冷空气都围绕在集装箱周围,冷热空气交换的速率不高,所以一般要经过 7～10 个工作日才能使果实温度降到 2℃。目前这种方法使用不多。

第二,水冷却。水冷却是将猕猴桃果实放在7～10升/秒·厘米^{2}的水流速中冷却,约在25分钟以内,果实的温度可降至1℃。这种方法的优点是果实不失重量,而其他方法会损失0.5%的果重。此法处理后要立即干燥,消除果面水汽,否则会造成果实霉烂变质。

第三,其他方法。其他还有鼓风冷却、真空预冷等,但已较少应用。果实在运输过程中也可预冷,但运输的车厢、船舱等比较拥挤,降温速度很慢。没有人工冷却时也可自然预冷。将采收的果实放在阴凉的地方,如农村的空房,采用白天关上门窗、晚上打开的办法调节温度,但效率较低。

二、贮藏方法

(一)冷 藏

冷藏就是在低温条件下,保持猕猴桃的温度在0℃±0.5℃,相对湿度为95%,减少乙烯气体存在,是当前最好的冷藏方法。

1. 温度的影响 果实达到生理成熟仍然很硬,硬度为686.5～980.7千帕,在良好贮藏条件下,果实软化速度慢,贮藏4～6个月能达到出口的果实平均硬度为98.1千帕,然后又会恢复较快的软化速度。没有乙烯气体,猕猴桃果实的呼吸、成熟、失水和软化都受温度的影响。果实贮藏6周左右,硬度降低较快,硬度为147.1～204.2千帕,后又放缓软化,再经16～20周贮藏,果实硬度即可达到平均出口水平。没有乙烯气体存在,果实贮藏在2℃冷库,贮藏寿命较在0℃冷库减少1～2个月,在0℃～5℃条件下,由于温度的影响,呼吸热增加,加速了果实成熟、失水和软化,其贮藏寿命会减少一半。

要避免库内冰冻出现,有时在－0.5℃时会伤害果实,若果实内含糖量较高时,短期－1.8℃和2.1℃也会受冻害。

2. 相对湿度的影响 在0℃条件贮藏，猕猴桃果实的失重与品种特性、空气温度、果肉温度和空气流动速率等因素相关。果实采收后分级、包装等如不及时进行，果实会在10天内失重1%。即使果实的可溶性固形物达到6.2%时，能及时采收、分级、包装、预冷并贮藏在0℃冷库，且保持95%的空气相对湿度，开始2周仍会有失重现象。用乙烯衬垫，库房内喷雾加湿或者用高湿木箱贮藏等措施均可减少果实的失重。

3. 乙烯对果实硬度的影响 在0℃低温贮藏时，0.1毫克/升乙烯能促使果实软化，缩短贮藏寿命；即使0.03毫克/升乙烯也有软化作用。为此，建议包装厂、贮藏库应远离产生乙烯的工业区以及交通干线机动车发动机较多的地方，减少或防止乙烯对果实的影响。

（二）气调贮藏

气调贮藏是二氧化碳浓度和氧浓度以一定比例规格，使冷藏果实的色泽、硬度和质量在一定时期内保持稳定。20世纪70年代，我国已引进了气调贮藏设备，做了不少科学试验，并取得了成功。认为二氧化碳浓度5%和氧2%的比例对果实的贮藏无损害。在0℃条件下，3%～5%二氧化碳加1%～3%氧的比例，贮藏24周的果实，色泽、硬度和质量均无影响，但采收的果实必须达到生理成熟阶段。塑料薄膜帐篷，规格贮藏量20～240吨，也可以作气调贮藏。

（三）减压贮藏

这项技术是根据气体交换理论的思路设计的减压装置。减压范围为0.5～53.3千帕，增湿程度达80%～100%，低温范围从－2℃～15℃。

人工冷却贮藏投资大，技术要求高。成熟的方法，已广泛应用；而有的方法只能参考，需通过实践逐步推广。

(四)自然冷却贮藏

这种方法成本低,设备简单,技术容易掌握。

1. 地窖贮藏　优点是:①季节和昼夜土壤的温度变化较小,可利用土壤作保护材料;②地下湿度较高,猕猴桃果实的皮不易皱缩,但必须排水良好,防止过湿腐烂;③土壤中大气交换较慢,呼吸使氧气减少,有利于二氧化碳增加和积累,形成了自然气调,对果实贮藏有利。

2. 通风库贮藏　利用气流交流,降低库内温度,达到贮藏目的。通风库受大气温度影响较大,寒冷季节,库内温度低,适于贮藏;热暖季节,库内降温困难。建筑时尽量避免环境的影响,选择地势高燥、无阳光直射的阴凉地段,方向以朝北或东北为好,其余三面最好有荫蔽物,并有排水良好的坡地;也可选择绝热防水、无不良气味的建筑材料并建成半地下式的通风库,以节省投资。通风库高度为 3.5～4.5 米,宽 9～12 米,长度根据需要确定,但不宜过长。

无论是地窖还是通风库,都必须由有经验的工作人员管理。

第四节　销售和市场

一、组织协调

销售和市场不可分割,猕猴桃产业迅速扩大的今天,应该把这个跨行业的产业合理组织起来,以达到更好的发展。新西兰是在 1973 年成立的猕猴桃管理局,智利于 2009 年组建猕猴桃委员会,意大利、澳大利亚、法国、南非等已先后成立了全国性的猕猴桃生产者协会等机构进行组织协调。

我国猕猴桃商品生产起步较晚,早期四川省都江堰市提出猕猴桃开发总公司下设分公司,再下设管理站,由管理站分片对农户指导生产的做法。近期,陕西海洋果业食品有限公司和西安汇丰生态农林科技服务有限公司提出“公司+科技+农户”的模式作为有机猕猴桃产业的发展策略。这种模式很好,把从事猕猴桃的不同行业组成合作多赢的共同体,有利于事业的发展。据报道,有的地区因种植户收益差而毁树,有的企业因缺乏原料而转行,建议各地区应很好地组织协调,使猕猴桃事业顺利发展。

二、销　售

为扩大销售,在销售过程中必须保证产品质量。猕猴桃鲜果是有生命的个体,需要呼吸等生理活动,所以销售的包装、容器、装运和港口设备、贮藏库等环节仍应保持低温、保湿,避免乙烯气体和擦伤等,以保持果实硬度和质量,否则果实就会软化。受冻、湿度不够,果皮会发皱;果实碰伤后会腐烂变质。

销售的产品要严格遵守商贸信用,实事求是地宣传品质、食用方法等。宣传可用文字、图片或实物,通过电视、广播电台、展览会、互联网、广告牌等方式,也可把印刷的资料贴在包装容器上,方式可多样,内容要求实。

三、市场研究

市场经济由价格调控,而价格受消费者需求、产品质量、数量等诸多因素影响,是处于动态中的市场经济。为拓展市场,必须选择若干代表不同类型的市场进行调查,内容包括消费者对猕猴桃鲜果及其加工产品的消费意识,消费者的消费能力和水平等。市场(包括批发市场和大型商场等)的贮藏、运输能力,市场对委托销售或合作销售的态度,商品供应的季节性,价格也有特种价格、促销价格等,调查须制定详细计划,准确的调查结果可避免盲目性的损失,有利于从竞争中取得成功。

第十二章　猕猴桃加工和利用

第一节　加　工

猕猴桃鲜果，符合出口标准的约占 80%，其余 20%都作为原料，加工食品或工业品。在食品加工过程中，由于温度、光和空气等影响，使加工产品的维生素 C、风味、香气和叶绿素受到损失，需尽量减少影响。除设备要更新外，工艺技术也有待创新。

一、酒　类

我国用猕猴桃果实酿酒，已有悠久的历史。

(一)生产流程

原料→分洗、清洗→粉碎→主发酵(前发酵)→分离、压榨→后发酵→陈酿→过滤→装瓶→成品

(二)操作要点

和常规工艺一样，发酵温度为 25℃～28℃，最高不能超过 32℃，以避免酵母活性受到抑制和其他杂菌的侵入。

为达到迅速发酵，必须选好酵母。据有关单位试验认为，通化葡萄酒厂的 216 酵母和中国科学院微生物研究所的 1213 号酵母较好，发酵过程操作要快，少接触空气。

1. 猕猴桃汽酒　是用猕猴桃酒加汽酒混合机充汽后及时装

瓶封口而成。其配方为原酒15%～20%，糖度8%左右，酸度4%，酒精度4%，并加入适量柠檬黄色素调色。

2. 猕猴桃白兰地 用蒸馏器将原酒蒸馏出酒液，再经过陈酿而成。压榨分离出来的果皮渣子，加入稻糠蒸馏后，也可酿成白兰地。

二、糖水罐头

(一)生产流程

选料→洗果→去皮→漂洗→修整→装罐→排气、密封→杀菌→冷却→擦罐→成品

(二)操作要点

与常规工艺相同。据报道，去皮有氢氧化钠加热去皮方法，将10%氢氧化钠溶液煮沸，2.5厘米以上的猕猴桃切片倒入溶液中维持1～1.5分钟，保持温度90℃以上，轻轻搅动切片，待果皮变蓝黑色时立即捞出，手工轻搓去皮，这种方法去皮率高。但绿肉变褐色严重。另一种方法是高压水蒸汽去皮，选完全成熟的果实，在5个气压下，水洗20秒钟，用水冲洗即可。也有试验5个气压下水洗30秒钟，再把原料在水中浸渍1昼夜，剥皮率高而且表面光滑。也有用催熟果实的果皮有部分发光时用手工剥皮。猕猴桃加工的去皮方法有的比较成熟，但缺点很多如带碱味、变褐色、不光滑等，希望加工企业多做一些试验，探索出好的剥皮方法。

三、果 酱

(一)生产流程

选料→清洗去皮→破碎或打浆→配料→浓缩→装罐、密封→

杀菌、冷却→擦罐→成品

(二)操作要点

同常规工艺。

猕猴桃果酱富含果胶物质,具特有的风味,但因种子而影响外观,果酱的甜度可根据各地的习惯,果糖比可以1∶1、1∶1.2或1∶2。糖的比例高时只需煮一下,不浓缩,不杀菌,不加防腐剂也可长期保存。加糖可分二次进行。

四、果 脯

(一)生产流程

选果→清洗、消毒→去皮→切片→软化→浸渍→糖煮→烘干→整形、分级→包装

(二)操作要点

与常规制作果脯工艺相同。

五、汽 水

(一)生产流程

选料→清洗、消毒→破碎→压汁→净化→均质→杀菌→配制→装瓶→封盖→成品

(二)操作要点

猕猴桃汽水能保持猕猴桃的色、香、味,对防暑降温的效果较好。操作工艺与制作汽水方法基本相似,现在比较先进的方法是一次灌装法。即果汁、糖浆、二氧化碳和水按比例在混合机内混合

后,一次灌瓶,能达到含汽量高的效果,质量较两次灌瓶好。

六、果　晶

(一)生产流程

选料→清洗、消毒→破碎、打浆→浓缩→配料→混合搅拌→成形→烘烤→成品

(二)操作要点

基本同常规工艺。果晶在空气中容易氧化变质,操作破碎、压榨等程序尽量要快。真空浓缩较温度浓缩对质量影响小,提倡真空浓缩。

七、果丹皮

果丹皮的营养价值很高,在新西兰等国已批量生产。

生产流程　选料→清洗→破碎→过滤→配制→浇盘→烘干→卷切、包装→成品

选用海沃德品种作原料,用后熟至可食熟度的果实,清洗后在锤磨机内破碎打浆,浆液用 700 微米的筛孔器过滤,加入 15% 蔗糖(也可以加入苹果肉浆液),再加入二氧化硫 500 毫升/升。浆液倒入有 30 微米厚塑料薄膜衬垫的不锈钢浅盘,每平方米盛果浆 5 千克,将浅盘置于隧道式干燥,空气流速为每分钟 30 米,45℃温度干燥 15 小时,至原料的含水量 12%～13%时即可冷却卷切和包装。

八、猕猴桃果仁饼干

这是近年湖南吉首大学食品科学研究所和该省猕猴桃产业化

工程技术研究中心合作的成果。该产品色泽好，口感松脆，风味优良，营养丰富。

(一)生产流程

选果→清洗→榨汁→过滤→筛网冲洗→湿果仁→热风干燥→干果仁→粉碎→果仁粉

(二)操作要点

第一，果仁粉用60目筛过筛，去掉粗粉。

第二，用水30毫升、白砂糖60克、植物起酥油64克在55℃～60℃下融化，冷却至30℃～35℃时，加入膨松剂2.5克、食盐4克。

第三，精制薄力低筋小麦粉200克＋果仁粉20克＋上述混合液在22℃～28℃条件下搅拌1分钟至面团不松散后静置18～20分钟。

第四，将面团放入辊轧机成形，规格长8.3厘米、宽4.15厘米、厚3毫米，花纹清晰、表面光滑、无裂纹。

第五，在面火温度170℃～180℃、底火温度160℃～170℃，烘烤15～17分钟，需检查防焦煳。

第六，烘烤的半成品置于35℃～40℃条件下45～60分钟，使水分蒸发。

第七，将成形饼干按120克装袋，经质检后装桶入库。

许多国家将不符合鲜果销售的产品(约5%～20%)，都进行加工。加工前的果实去皮除用刀削外，还有化学和热水处理两种方法。西班牙经试验认为，海沃德猕猴桃从0℃冷藏中取出后在室温下放置8天，用100℃热水处理30秒钟后剥皮效果很好。如果处理时间太短，达不到效果；时间过长，果肉损失多(差不多在25%以上)。剥皮能否成功与温度、浸泡处理和果实的成熟度等相关，操作前必须做试验。

第二节　食用方法

猕猴桃食用方法很多，也有介绍烹调的书籍，这里介绍几种常用的方法。

一、猕猴桃甜食

(一)水果色拉

配料：2 个橘子汁液，1 汤匙浓甜酒，1 汤匙白砂糖，454 克荔枝肉，1 个小番木瓜，4～5 个猕猴桃。

做法：橘子汁、甜酒和糖搅拌至糖溶化，再加入荔枝肉（如为罐装，必须沥干糖水）、番木瓜、猕猴桃，它们都要去皮或籽，切片后放入容器混合，上面浇上橘子汁或放一点杏仁、榛子。

水果色拉的原料也可用橘子、草莓、鲜菠萝、香蕉、椰子丝等组成，如果没有橘子汁做浇头，也可用蜂蜜，静置片刻，食用前再调香味。

(二)沙　司

配料：猕猴桃 4 个，广柑汁 4 汤匙，冷水 6～8 汤匙，白砂糖 2～3 茶匙，玉米粉 2 茶匙。

做法：猕猴桃去皮切成小方块，与广柑汁、糖和 1/2 量的冷水一起煮沸，将剩下的冷水与玉米粉掺匀，放入锅中与前制品混合，小火加热 5 分钟，冷食时可配冰淇淋，热食时与蒸布丁配食。

(三)奶油制品

配料：猕猴桃果酱 1 杯（也可自制粗滤果酱），热牛奶 1 杯，白砂糖 8 汤匙，泡沫奶油 1/2 杯，鸡蛋 2 个，玉米粉 1 茶匙，食盐 1/8

茶匙，香草精 1/2 茶匙，猕猴桃 3 个。

做法：用蛋黄、食盐、玉米粉和香草精搅拌，逐渐加入热牛奶，烧煮成黏稠状，加入 1/2 白砂糖拌匀，冷却。其余糖在容器内溶解后，加入上述奶制品，再加入猕猴桃酱，将猕猴桃切成片，取混合的泡沫奶油浇在上面，既作装饰又能食用。

二、冷饮食品

(一)冰淇淋

配料：6 个大猕猴桃，150 克白砂糖，3 个鸡蛋，1.25 杯奶油。

做法：猕猴桃剥皮后切下数片作装饰，其余捣成糊状，加 1/2 匙白砂糖混匀，放置 15 分钟。蛋黄和蛋白分开，蛋黄打成黏稠状和余下的白糖混合，并用热水调匀成黏稠奶油状，冷却。打蛋白至黏稠并与蛋黄叠起来放入混有奶油的果酱上，放置于适合的容器里，在冰箱低温处速冻，成糊状时翻动整理，待其冻成固体状。

(二)果汁冰水

配料：3/4 杯糖，2 杯水，香料，1 个柠檬的汁液，6 个大猕猴桃。

做法：糖、香料、果汁煮沸 10 分钟，冷却后，加入剥皮捣烂并经过滤的猕猴桃汁，以 1∶1 比例和糖水混合，放在合适的不锈钢容器里，在冰箱冻至软糊状，经搅拌均匀后，在冰箱冰冻至坚硬即可。

主要参考文献

[1] 黄宏文．猕猴桃研究进展[M]．北京：科学出版社，2000—2011.

[2] 黄宏文．猕猴桃属：分类资源驯化栽培[M]．北京：科学出版社，2013.

[3] 梁畴芬．猕猴桃属新的分类群[J]．广西植物，1982.

[4] 梁畴芬．猕猴桃属植物的分布[J]．广西植物，1983.

[5] 崔致学．中国猕猴桃[M]．山东科学技术出版社，1993.

[6] 朱鸿云．猕猴桃[M]．北京：中国林业出版社，2009.

[7] 张洁，王俊儒，蔡达荣，安和详．中华猕猴桃引种和选育的研究[J]．园艺学报，1983.

[8] Wrrington I. J. and Weston GC. Kiwifruit Science and Management，Rag Richards Pullisher，1990.

[9] Zhang jie and Beuzenberg EJ. Chronmosome number in two varieties of Actinidia chrnensis planch，New zealand varoun. of Botany，1983，21：353～356.

[10] Zhang jie and Thoip TG. Morphology of nine pistillate and three staminate New zealand clones of kiwifruit（Actinidia deliciosa），New Zealand Jour of Botany，1986，24：589～613.

[11] Manuel Gimez-lopez et al. Comperison of defferent peeling systems for kiwitrit（Actinidia deliciosa，CV Hagward），2013.

[12] Gaylan M，Grisosto et al. New quality index lased on dry matter and acidity proposed for Haywand kiwifruit. California Agriculture，2012：66(2).